Aprender

Eureka Math®
2.° grado
Módulos 6 y 7

Publicado por Great Minds®.

Copyright © 2019 Great Minds®.

Impreso en los EE. UU.

Este libro puede comprarse en la editorial en eureka-math.org.

2 3 4 5 6 7 8 9 10 BAB 25 24 23 22

ISBN 978-1-64054-878-7

G2-SPA-M6-M7-L-05.2019

Aprender ◆ Practicar ◆ Triunfar

Los materiales del estudiante de *Eureka Math*® para *Una historia de unidades*™ (K–5) están disponibles en la trilogía *Aprender, Practicar, Triunfar*. Esta serie apoya la diferenciación y la recuperación y, al mismo tiempo, permite la accesibilidad y la organización de los materiales del estudiante. Los educadores descubrirán que la trilogía *Aprender, Practicar y Triunfar* también ofrece recursos consistentes con la Respuesta a la intervención (RTI, por sus siglas en inglés), las prácticas complementarias y el aprendizaje durante el verano que, por ende, son de mayor efectividad.

Aprender

Aprender de *Eureka Math* constituye un material complementario en clase para el estudiante, a través del cual pueden mostrar su razonamiento, compartir lo que saben y observar cómo adquieren conocimientos día a día. *Aprender* reúne el trabajo en clase—la Puesta en práctica, los Boletos de salida, los Grupos de problemas, las plantillas—en un volumen de fácil consulta y al alcance del usuario.

Practicar

Cada lección de *Eureka Math* comienza con una serie de actividades de fluidez que promueven la energía y el entusiasmo, incluyendo aquellas que se encuentran en *Practicar* de *Eureka Math*. Los estudiantes con fluidez en las operaciones matemáticas pueden dominar más material, con mayor profundidad. En *Practicar*, los estudiantes adquieren competencia en las nuevas capacidades adquiridas y refuerzan el conocimiento previo a modo de preparación para la próxima lección.

En conjunto, *Aprender* y *Practicar* ofrecen todo el material impreso que los estudiantes utilizarán para su formación básica en matemáticas.

Triunfar

Triunfar de *Eureka Math* permite a los estudiantes trabajar individualmente para adquirir el dominio. Estos grupos de problemas complementarios están alineados con la enseñanza en clase, lección por lección, lo que hace que sean una herramienta ideal como tarea o práctica suplementaria. Con cada grupo de problemas se ofrece una Ayuda para la tarea, que consiste en un conjunto de problemas resueltos que muestran, a modo de ejemplo, cómo resolver problemas similares.

Los maestros y los tutores pueden recurrir a los libros de *Triunfar* de grados anteriores como instrumentos acordes con el currículo para solventar las deficiencias en el conocimiento básico. Los estudiantes avanzarán y progresarán con mayor rapidez gracias a la conexión que permiten hacer los modelos ya conocidos con el contenido del grado escolar actual del estudiante.

Estudiantes, familias y educadores:

Gracias por formar parte de la comunidad de *Eureka Math*®, donde celebramos la dicha, el asombro y la emoción que producen las matemáticas.

En las clases de *Eureka Math* se activan nuevos conocimientos a través del diálogo y de experiencias enriquecedoras. A través del libro *Aprender* los estudiantes cuentan con las indicaciones y la sucesión de problemas que necesitan para expresar y consolidar lo que aprendieron en clase.

¿Qué hay dentro del libro Aprender?

Puesta en práctica: la resolución de problemas en situaciones del mundo real es un aspecto cotidiano de *Eureka Math*. Los estudiantes adquieren confianza y perseverancia mientras aplican sus conocimientos en situaciones nuevas y diversas. El currículo promueve el uso del proceso LDE por parte de los estudiantes: Leer el problema, Dibujar para entender el problema y Escribir una ecuación y una solución. Los maestros son facilitadores mientras los estudiantes comparten su trabajo y explican sus estrategias de resolución a sus compañeros/as.

Grupos de problemas: una minuciosa secuencia de los Grupos de problemas ofrece la oportunidad de trabajar en clase en forma independiente, con diversos puntos de acceso para abordar la diferenciación. Los maestros pueden usar el proceso de preparación y personalización para seleccionar los problemas que son «obligatorios» para cada estudiante. Algunos estudiantes resuelven más problemas que otros; lo importante es que todos los estudiantes tengan un período de 10 minutos para practicar inmediatamente lo que han aprendido, con mínimo apoyo de la maestra.

Los estudiantes llevan el Grupo de problemas con ellos al punto culminante de cada lección: la Reflexión. Aquí, los estudiantes reflexionan con sus compañeros/as y el maestro, a través de la articulación y consolidación de lo que observaron, aprendieron y se preguntaron ese día.

Boletos de salida: a través del trabajo en el Boleto de salida diario, los estudiantes le muestran a su maestra lo que saben. Esta manera de verificar lo que entendieron los estudiantes ofrece al maestro, en tiempo real, valiosas pruebas de la eficacia de la enseñanza de ese día, lo cual permite identificar dónde es necesario enfocarse a continuación.

Plantillas: de vez en cuando, la Puesta en práctica, el Grupo de problemas u otra actividad en clase requieren que los estudiantes tengan su propia copia de una imagen, de un modelo reutilizable o de un grupo de datos. Se incluye cada una de estas plantillas en la primera lección que la requiere.

¿Dónde puedo obtener más información sobre los recursos de Eureka Math?

El equipo de Great Minds® ha asumido el compromiso de apoyar a estudiantes, familias y educadores a través de una biblioteca de recursos, en constante expansión, que se encuentra disponible en eureka-math.org. El sitio web también contiene historias exitosas e inspiradoras de la comunidad de *Eureka Math*. Comparte tus ideas y logros con otros usuarios y conviértete en un Campeón de *Eureka Math*.

¡Les deseo un año colmado de momentos "¡ajá!"!

Jill Diniz

Jill Diniz
Directora de matemáticas
Great Minds®

El proceso de Leer-Dibujar-Escribir

El programa de *Eureka Math* apoya a los estudiantes en la resolución de problemas a través de un proceso simple y repetible que presenta la maestra. El proceso Leer-Dibujar-Escribir (LDE) requiere que los estudiantes

1. Lean el problema.

2. Dibujen y rotulen.

3. Escriban una ecuación.

4. Escriban un enunciado (afirmación).

Se procura que los educadores utilicen el andamiaje en el proceso, a través de la incorporación de preguntas tales como

- ¿Qué observas?

- ¿Puedes dibujar algo?

- ¿Qué conclusiones puedes sacar a partir del dibujo?

Cuánto más razonen los estudiantes a través de problemas con este enfoque sistemático y abierto, más interiorizarán el proceso de razonamiento y lo aplicarán instintivamente en el futuro.

Contenido

Módulo 6: Fundamentos de la multiplicación y la división

Módulo 7: Resolución de problemas con longitudes, dinero y datos

2.º grado
Módulo 6

Julisa tiene 12 animales de peluche. Quiere poner la misma cantidad de animales en cada una de sus 3 canastas.

  a. Haz un dibujo para mostrar cómo puede poner los animales en 3 grupos iguales.

b. Completa el enunciado.

   Julisa puso _____ animales en cada canasta.

Lección 1:   Usar materiales didácticos para crear grupos iguales.

EUREKA
MATH

Nombre _____   Fecha _____

1. Encierra en un círculo grupos de dos manzanas.

        Hay _____ grupos de dos manzanas.

2. Encierra en un círculo grupos de tres pelotas.

        Hay _____ grupos de tres pelotas.

3. Vuelve a dibujar las 12 naranjas en 4 grupos iguales.

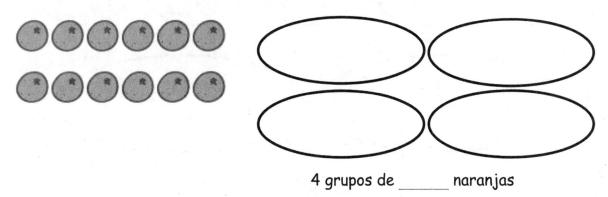

        4 grupos de _____ naranjas

4. Vuelve a dibujar las 12 naranjas en 3 grupos iguales.

        3 grupos de _____ naranjas

5. Vuelve a dibujar las flores para hacer que cada uno de los 3 grupos tenga un número igual.

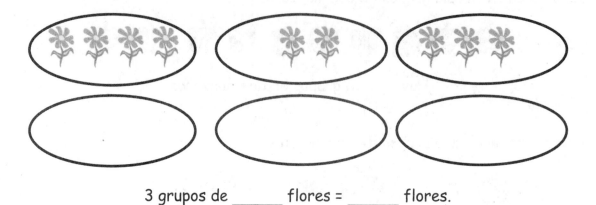

3 grupos de _____ flores = _____ flores.

6. Vuelve a dibujar los limones para formar 2 grupos del mismo tamaño.

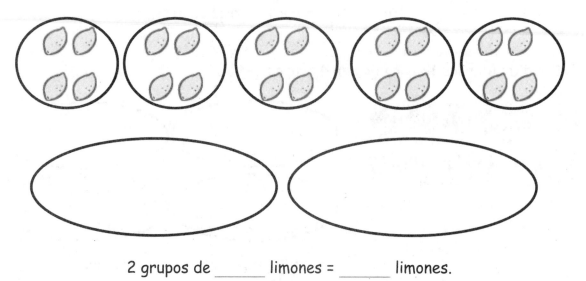

2 grupos de _____ limones = _____ limones.

EUREKA
MATH

Nombre _____   Fecha _____

1. Encierra en un círculo grupos de 4 sombreros.

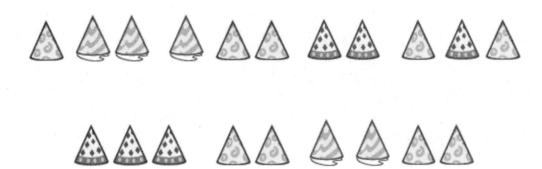

2. Vuelve a dibujar las caras sonrientes en 2 grupos iguales.

2 grupos de _____ = _____.

Mayra ordena sus calcetas por color. Tiene 4 calcetas moradas, 4 calcetas amarillas, 4 calcetas rosas y 4 calcetas anaranjadas.

    a. Dibuja grupos para mostrar cómo ordenó Mayra sus calcetas por color.

    b. Escribe una ecuación de suma repetida que coincida.

c. ¿Cuántas calcetas tiene Mayra en total?

_____

_____

_____

Lección 2:   Usar dibujos matemáticos para representar grupos iguales y relacionarlos con
la suma repetida.

© 2019 Great Minds®. eureka-math.org

EUREKA
MATH®

Nombre _____   Fecha _____

1. Escribe la ecuación de una suma repetida que muestre el número de objetos en cada uno de los grupos.
    Después encuentra el total.

a.

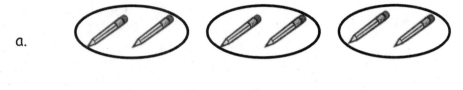

_____ + _____ + _____ = _____

3 grupos de _____ = _____

b.

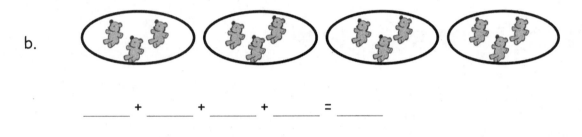

_____ + _____ + _____ + _____ = _____

4 grupos de _____ = _____

2. Dibuja 1 grupo más de cuatro. Después, escribe la ecuación de suma repetida que corresponda.

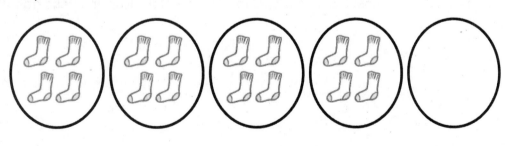

_____ + _____ + _____ + _____ + _____ = _____

5 grupos de _____ = _____

EUREKA MATH®

Lección 2:   Usar dibujos matemáticos para representar grupos iguales y relacionarlos con la suma repetida.

© 2019 Great Minds®. eureka-math.org

11

3. Dibuja 1 grupo más de tres. Después, escribe la ecuación de suma repetida que corresponda.

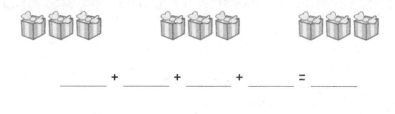

_____ + _____ + _____ + _____ = _____

_____ grupos de 3 = _____

4. Dibuja 2 grupos más iguales. Después, escribe la ecuación de suma repetida que corresponda.

_____ + _____ + _____ + _____ + _____ = _____

_____ grupos de 2 = _____

5. Dibuja 3 grupos de 5 estrellas. Después, escribe la ecuación de suma repetida que corresponda.

Lección 2:   Usar dibujos matemáticos para representar grupos iguales y relacionarlos con la suma repetida.

© 2019 Great Minds®. eureka-math.org

EUREKA MATH

Nombre _____   Fecha _____

1. Dibuja 1 grupo más igual.

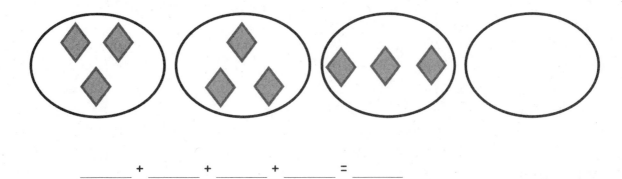

_____ + _____ + _____ + _____ = _____

4 grupos de _____ = _____

2. Dibuja 2 grupos de 3 estrellas. Después, escribe la ecuación de suma repetida que corresponda.

Lección 2:   Usar dibujos matemáticos para representar grupos iguales y relacionarlos con la suma repetida.

© 2019 Great Minds®. eureka-math.org

Los marcadores vienen en paquetes de 2. Si Jessie tiene 6 paquetes de marcadores, ¿cuántos marcadores tiene en total?

a. Dibuja grupos para mostrar los paquetes de marcadores de Jessie.

b. Escribe una ecuación de suma repetida que coincida con tu dibujo.

Lección 3: Usar dibujos matemáticos para representar grupos iguales y relacionarlos con la suma repetida.

© 2019 Great Minds®. eureka-math.org

15

c. Agrupa los sumandos en pares y suma para encontrar el total.

_____

_____

_____

Lección 3:   Usar dibujos matemáticos para representar grupos iguales y relacionarlos con
                la suma repetida.

EUREKA
MATH®

Nombre _____   Fecha _____

1. Escribe la ecuación de una suma repetida que corresponda con la imagen. Después, agrupa los sumandos en pares para mostrar una forma más eficiente de sumar.

a.
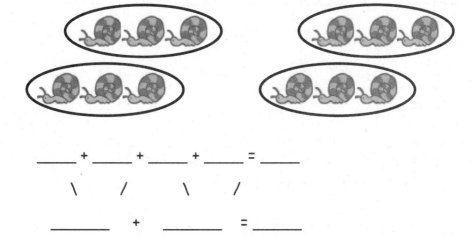

____ + ____ + ____ + ____ = ____

\   /   \   /

_____   +   _____ = _____

4 grupos de _____ = 2 grupos de _____

b.

____ + ____ + ____ + ____ = ____

____ + ____ = ____

4 grupos de _____ = 2 grupos de _____

EUREKA MATH   Lección 3: Usar dibujos matemáticos para representar grupos iguales y relacionarlos con la suma repetida.   17

© 2019 Great Minds®. eureka-math.org

c.

_____ + _____ + _____ + _____ + _____ + _____ + _____ + _____ = _____

_____ + _____ + _____ + _____ = _____

8 grupos de _____ = 4 grupos de _____

2. Escribe la ecuación de una suma repetida que corresponda con la imagen. Después, agrupa los sumandos en pares y suma para encontrar el total.

a.

_____ + _____ + _____ + _____ + _____ = _____

_____ + _____ + 3 = _____

_____ + 3 = _____

b.

_____ + _____ + _____ = _____

_____ + 3 = _____

18   Lección 3:   Usar dibujos matemáticos para representar grupos iguales y relacionarlos con
                              la suma repetida.

            © 2019 Great Minds®. eureka-math.org

EUREKA
MATH

Nombre _____ Fecha _____

Escribe la ecuación de una suma repetida que corresponda con la imagen. Después, agrupa los sumandos en pares para mostrar una forma más eficiente de sumar.

_____ + _____ + _____ + _____ = _____

_____ + _____ = _____

4 grupos de _____ = 2 grupos de _____

Lección 3:   Usar dibujos matemáticos para representar grupos iguales y relacionarlos con la suma repetida.

© 2019 Great Minds®. eureka-math.org

19

L (Lee el problema con cuidado).

Las flores están floreciendo en el jardín de Maria. Hay 3 rosas, 3 botones de oro, 3 girasoles, 3 margaritas y 3 tulipanes. ¿Cuántas flores hay en total?

    a. Dibuja un diagrama de cinta que coincida con el problema.

    b. Escribe una ecuación de suma repetida para resolver.

 Lección 4:   Representar grupos iguales con diagramas de cinta y relacionar con la suma repetida.

© 2019 Great Minds®. eureka-math.org

21

E (Escribe un enunciado que coincida con la historia).

_____

_____

_____

Lección 4:   Representar grupos iguales con diagramas de cinta y relacionar con
               la suma repetida.

EUREKA
MATH®

Nombre _____   Fecha _____

1. Escribe una ecuación de suma repetida para encontrar el total de cada diagrama de cinta.

a.

_____ + _____ + _____ + _____ = _____

4 grupos de 2 = _____

b.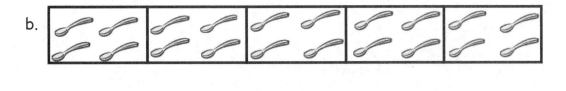

_____ + _____ + _____ + _____ + _____ = _____

5 grupos de _____ = _____

c.

5	5	5

_____ + _____ + _____ = _____

3 grupos de _____ = _____

d.

3	3	3	3	3	3

_____ + _____ + _____ + _____ + _____ + _____ = _____

_____ grupos de _____ = _____

EUREKA MATH

Lección 4:   Representar grupos iguales con diagramas de cinta y relacionar con la suma repetida.

© 2019 Great Minds®. eureka-math.org

23

2. Dibuja un diagrama de cinta para encontrar el total.

   a. 3 + 3 + 3 + 3 = _____

   b. 4 + 4 + 4 = _____

   c. 5 grupos de 2

   d. 4 grupos de 4

   e.

Lección 4:   Representar grupos iguales con diagramas de cinta y relacionar con
                          la suma repetida.

EUREKA
MATH

Nombre _____   Fecha _____

Dibuja un diagrama de cinta para encontrar el total.

1. ☆ ☆ ☆ ☆   ☆ ☆ ☆ ☆   ☆ ☆ ☆ ☆

2. 3 grupos de 3

3. 2 + 2 + 2 + 2 + 2

Lección 4:   Representar grupos iguales con diagramas de cinta y relacionar con
                la suma repetida.

© 2019 Great Minds®. eureka-math.org

25

La Srta. White está en la fila del banco. Hay 4 ventanillas y hay 3 personas en la fila para cada ventanilla.

a. Dibuja una matriz para mostrar las personas que están haciendo fila en el banco.

Lección 5:   Crear matrices de filas y columnas y contar para encontrar el total usando objetos.

© 2019 Great Minds®. eureka-math.org

27

b. Escribe la cantidado total de personas.

_____

_____

_____

EUREKA
MATH

Nombre _____   Fecha _____

1. Encierra en un círculo grupos de cuatro. Después, dibuja los triángulos en 2 filas iguales.

    _____

    _____

2. Encierra en un círculo grupos de dos. Vuelve a dibujar los grupos de dos como filas y después como columnas.

    _____

    _____

    _____

3. Encierra en un círculo grupos de tres. Vuelve a dibujar los grupos de tres como filas y después como columnas.

    _____

    _____

    _____

    _____

Lección 5:   Crear matrices de filas y columnas y contar para encontrar el total usando objetos.

© 2019 Great Minds®. eureka-math.org

29

4. Cuenta los objetos en las matrices de izquierda a derecha, por filas y por columnas. Mientras cuentas, encierra en un círculo las filas y después las columnas.

a.

b.

5. Vuelve a dibujar los círculos y las estrellas del Problema 4 como columnas de dos.

6. Dibuja una matriz con 15 triángulos.

7. Muestra una matriz diferente con 15 triángulos.

Lección 5:   Crear matrices de filas y columnas y contar para encontrar el total usando objetos.

EUREKA MATH®

Nombre _____   Fecha _____

1. Encierra en un círculo grupos de tres. Vuelve a dibujar los grupos de tres como filas y después como columnas.

_____

_____

_____

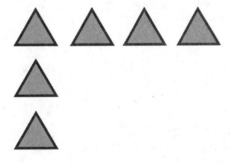

2. Completa la matriz dibujando más triángulos. La matriz debe tener 12 triángulos en total.

Lección 5:   Crear matrices de filas y columnas y contar para encontrar el total usando objetos.

© 2019 Great Minds®. eureka-math.org

31

Sam está organizando sus tarjetas de felicitación. Tiene 8 tarjetas rojas y 8 tarjetas azules. Coloca las tarjetas rojas en 2 columnas y las azules en 2 columnas para hacer una matriz.

a. Haz un dibujo de las tarjetas de felicitación de Sam en la matriz.

b. Escribe un enunciado sobre la matriz de Sam.

_____

_____

_____

Lección 6:   Descomponer matrices en filas y columnas y relacionarlas con la suma repetida.

EUREKA
MATH

Nombre _____   Fecha _____

1. Completa cada parte faltante que describe cada matriz.

Encierra en un círculo las filas.

a.

5 filas de _____ = _____

___ + ___ + ___ + ___ + ___ = _____

Encierra en un círculo las columnas.

b.

3 columnas de _____ = _____

____ + ____ + ____ = _____

Encierra en un círculo las filas.

c.

4 filas de _____ = _____

___ + ___ + ___ + ___ = ____

Encierra en un círculo las columnas.

d.

5 columnas de _____ = _____

___ + ___ + ___ + ___ + ___ = ____

2. Usa la matriz de triángulos para contestar las siguientes preguntas.

   a. _____ filas de _____ = 12

   b. _____ columnas de _____ = 12

   c. _____ + _____ + _____ = _____

   d. Agrega 1 fila más. ¿Cuántos triángulos hay ahora? _____

   e. Agrega 1 columna más a la nueva matriz que hiciste en 2(d). ¿Cuántos triángulos hay ahora? _____

3. Usa la matriz de cuadrados para responder las siguientes preguntas.

   a. _____ + _____ + _____ + _____ + _____ = _____

   b. _____ filas de _____ = _____

   c. _____ columnas de _____ = _____

   d. Quita 1 fila. ¿Cuántos cuadrados hay ahora? _____

   e. Quita 1 columna de la nueva matriz que hiciste en 3(d). ¿Cuántos cuadrados hay ahora? _____

Lección 6:   Descomponer matrices en filas y columnas y relacionarlas con la suma repetida.

Nombre _____   Fecha _____

Usa la matriz para responder las siguientes preguntas.

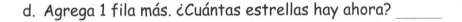

a. _____ filas de _____ = _____

b. _____ columnas de _____ = _____

c. _____ + _____ + _____ + _____ = _____

d. Agrega 1 fila más. ¿Cuántas estrellas hay ahora? _____

e. Agrega 1 columna más a la nueva matriz que hiciste en (d). ¿Cuántas estrellas hay ahora? _____

L (Lee el problema con atención).

Bobby coloca 3 filas de azulejos en su cocina para formar un diseño. Pone 5 azulejos en cada fila.

a. Haz un dibujo de los azulejos de Bobby.

b. Escribe una ecuación de suma repetida para resolver la cantidad total de azulejos que usó Bobby.

E (Escribe un enunciado que coincida con la historia).

_____

_____

_____

Lección 7:　　Representar matrices y distinguir filas y columnas usando dibujos matemáticos.

EUREKA MATH®

Nombre _____   Fecha _____

1.   a.   A continuación se muestra una fila de una matriz. Completa la matriz con X para
          hacer 3 filas de 4. Dibuja líneas horizontales para separar las filas.

          <u>X X X X</u>

     b.   Dibuja una matriz con X que tenga 3 columnas de 4. Dibuja líneas verticales para
          separar las columnas. Llena los espacios en blanco.

          _____ + _____ + _____ = _____

                        3 filas de 4 = _____

                   3 columnas de 4 = _____

2.   a.   Dibuja una matriz de X con 5 columnas de tres.

     b.   Dibuja una matriz de X con 5 filas de tres. Llena los espacios en blanco
          a continuación.

          _____ + _____ + _____ + _____ + _____ = _____

                   5 columnas de tres = _____

                        5 filas de tres = _____

En los siguientes problemas, separa las filas o columnas con líneas horizontales o verticales.

3. Dibuja una matriz de X con 4 filas de 3.

_____ + _____ + _____ + _____ = _____

4 filas de 3 = _____

4. Dibuja una matriz de X con 1 fila más de 3 que la matriz del Problema 3. Escribe una ecuación de suma repetida para encontrar el número total de X.

5. Dibuja una matriz de X con 1 columna menos de 5 que la matriz del Problema 4. Escribe una ecuación de suma repetida para encontrar el número total de X.

Lección 7:   Representar matrices y distinguir filas y columnas usando dibujos matemáticos.

EUREKA MATH

Nombre _____   Fecha _____

Usa líneas horizontales o verticales para separar las filas o las columnas.

1. Dibuja una matriz de X con 3 filas de 5.

                                    _____ + _____ + _____ = _____

                                          3 filas de 5 = _____

2. Dibuja una matriz de X con 1 fila más que la matriz de arriba. Escribe una ecuación de suma repetida para encontrar el número total de X.

Charlie tiene 16 bloques en su cuarto. Quiere construir torres iguales con 5 bloques cada una.

a. Haz un dibujo de las torres de Charlie.

b. ¿Cuántas torres puede hacer Charlie?

_____

_____

c. ¿Cuántos bloques más necesita Charlie para hacer torres
iguales de 5?

_____

_____

EUREKA
MATH

Nombre _____   Fecha _____

1. Crea una matriz con los cuadrados.

_____

_____

2. Crea una matriz con los cuadrados del conjunto anterior.

3. Usa la matriz de cuadrados para responder las siguientes preguntas.

a. Hay _____ cuadrados en cada fila.

b. _____ + _____ = _____

c. Hay _____ cuadrados en cada columna.

d. _____ + _____ + _____ + _____ + _____ = _____

4. Usa la matriz de cuadros para responder las siguientes preguntas.

a. Hay _____ cuadrados en una fila.

b. Hay _____ cuadrados en una columna.

c. _____ + _____ + _____ = _____

d. 3 columnas de _____ = _____ filas de _____ = _____ total

5. a. Dibuja una matriz con 8 cuadrados que tenga 2 cuadrados en cada columna.

b. Escribe la ecuación de una suma repetida que corresponda con la matriz.

6. a. Dibuja una matriz con 20 cuadrados que tenga 4 cuadrados en cada columna.

b. Escribe la ecuación de una suma repetida que corresponda con la matriz.

c. Dibuja un diagrama de cinta que corresponda con tu ecuación de suma repetida y tu matriz.

EUREKA
MATH®

Nombre _____   Fecha _____

1. Usa la matriz de cuadrados para responder las siguientes preguntas.

    a. Hay _____ cuadrados en una fila.

    b. Hay _____ cuadrados en una columna.

    c. _____ + _____ + _____ = _____

    d. 3 columnas de _____ = _____ filas de _____ = _____ total

2. a. Dibuja una matriz con 10 cuadrados que tenga 5 cuadrados en cada columna.

    b. Escribe la ecuación de una suma repetida que corresponda con la matriz.

Nombre _____   Fecha _____

Dibuja una matriz para cada problema escrito. Escribe una ecuación de suma repetida que corresponda con cada matriz.

1. Jason juntó algunas rocas. Las puso en 5 filas con 3 rocas en cada fila. ¿Cuántas rocas tiene Jason en total?

2. Abby hizo 3 filas de 4 sillas. ¿Cuántas sillas usó Abby?

3. Hay 3 cables y 5 pájaros sentados en cada uno. ¿Cuántos pájaros hay en total en los cables?

4. La casa de Henry tiene 2 pisos. Hay 4 ventanas que dan hacia la calle en cada piso. ¿Cuántas ventanas dan hacia la calle?

Dibuja un diagrama de cinta para cada problema escrito. Escribe una ecuación de suma repetida que corresponda con cada diagrama de cinta.

5. Cada uno de los 4 amigos de María tiene 5 marcadores. ¿Cuántos marcadores tienen en total María y sus amigos?

6. María tiene también 5 marcadores. ¿Cuántos marcadores tienen en total Maria y sus amigos?

Dibuja un diagrama de cinta y una matriz. Después, escribe una ecuación de suma repetida que corresponda.

7. En un juego de cartas, 3 jugadores reciben 4 cartas cada uno. Un jugador más se une al juego. ¿Cuántas cartas en total deben repartirse ahora?

Lección 9:   Resolver problemas escritos sobre sumas de grupos iguales en filas y columnas.

EUREKA MATH

Nombre _____   Fecha _____

Dibuja un diagrama de cinta o una matriz para cada problema escrito. Después, escribe una ecuación de suma repetida que corresponda.

1. Joshua lava 3 carros por hora en el trabajo. El sábado trabajó 4 horas. ¿Cuántos carros lavó Joshua el sábado?

2. Olivia puso 5 calcomanías en cada página de su álbum de calcomanías. Llenó 5 páginas con calcomanías. ¿Cuántas calcomanías usó Olivia?

L (Lee el problema con atención).

El teléfono de juguete de Sandy tiene botones alineados en 3 columnas y 4 filas.

a. Haz un dibujo del teléfono de Sandy.

b. Escribe una ecuación de suma repetida para mostrar la cantidad total de botones en el teléfono de Sandy.

Lección 10: Usar bloques cuadrados para componer un rectángulo y relacionarlo con el modelo de matriz.

© 2019 Great Minds®. eureka-math.org

55

E (Escribe un enunciado que coincida con la historia).

_____

_____

_____

EUREKA MATH

Nombre _____   Fecha _____

Usa bloques cuadrados para construir los siguientes rectángulos sin espacios y sin superposiciones. Escribe una ecuación de suma repetida que corresponda con cada construcción.

1. a. Construye un rectángulo con 2 filas de 3 bloques.

_____

   b. Construye un rectángulo con 2 columnas de 3 bloques.

_____

2. a. Construye un rectángulo con 5 filas de 2 bloques.

_____

   b. Construye un rectángulo con 5 columnas de 2 bloques.

_____

   Lección 10:   Usar bloques cuadrados para componer un rectángulo y relacionarlo con   57
                                     el modelo de matriz.

© 2019 Great Minds®. eureka-math.org

3. a. Construye un rectángulo de 9 bloques con el mismo número de filas y columnas.

_____

   b. Construye un rectángulo de 16 bloques con el mismo número de filas y columnas.

_____

4. a. ¿Qué forma tiene la matriz dibujada abajo? _____

   b. En el siguiente espacio, vuelve a dibujar la forma anterior eliminando una columna.

   c. ¿Qué forma tiene la matriz ahora? _____

EUREKA MATH

Nombre _____   Fecha _____

En esta hoja, usa tus bloques cuadrados para construir las siguientes matrices sin espacios y sin superposiciones. Escribe una ecuación de suma repetida que corresponda con tu construcción.

1. a. Construye un rectángulo con 2 filas de 5 bloques.

   b. Escribe la ecuación de suma repetida. _____

2. a. Construye un rectángulo con 5 columnas de 2 bloques.

   b. Escribe la ecuación de suma repetida. _____

Lección 10:   Usar bloques cuadrados para componer un rectángulo y relacionarlo con
              el modelo de matriz.

© 2019 Great Minds®. eureka-math.org

59

Ty hornea dos bandejas de bizcochos de chocolate. En la primera bandeja corta dos filas de 8. En la segunda bandeja, corta 4 filas de 4.

a. Haz un dibujo de los bizcochos de chocolate de Ty.

b. Escribe una ecuación de suma repetida para mostrar la cantidad total de bizcochos de chocolate en cada bandeja.

Lección 11:   Usar bloques cuadrados para componer un rectángulo y relacionarlo con
el modelo de matriz.

© 2019 Great Minds®. eureka-math.org

61

c. ¿Cuántos bizcochos de chocolate horneó Ty en total? Escribe una ecuación y un enunciado para mostrar tu respuesta.

_____

_____

_____

Lección 11:   Usar bloques cuadrados para componer un rectángulo y relacionarlo con el modelo de matriz.

EUREKA MATH

Nombre _____   Fecha _____

Usa bloques cuadrados para construir las siguientes matrices sin espacios y sin superposiciones. Escribe una ecuación de suma repetida que corresponda con cada construcción.

1. a. Coloca 8 bloques cuadrados en una fila.

    b. Construye una matriz con los 8 bloques cuadrados.

    c. Escribe la ecuación de una suma repetida que corresponda con la nueva matriz.

    _____

2. a. Construye una matriz con 12 cuadrados.

    b. Escribe la ecuación de una suma repetida que corresponda con la matriz.

    _____

    c. Vuelve a acomodar los 12 cuadrados en una matriz diferente.

    d. Escribe la ecuación de una suma repetida que corresponda con la nueva matriz.

    _____

Lección 11:   Usar bloques cuadrados para componer un rectángulo y relacionarlo con
                el modelo de matriz.

© 2019 Great Minds®. eureka-math.org

63

3. a. Construye una matriz con 20 cuadrados.

    b. Escribe la ecuación de una suma repetida que corresponda con la matriz.

        _____

    c. Vuelve a acomodar los 20 cuadrados en una matriz diferente.

    d. Escribe la ecuación de una suma repetida que corresponda con la nueva matriz.

        _____

4. Construye 2 matrices con 6 cuadrados.

    a. 2 filas de _____ = _____

    b. 3 filas de _____ = 2 filas de _____

5. Construye 2 matrices con 10 cuadrados.

    a. 2 filas de _____ = _____

    b. 5 filas de _____ = 2 filas de _____

Lección 11:   Usar bloques cuadrados para componer un rectángulo y relacionarlo con
el modelo de matriz.

© 2019 Great Minds®. eureka-math.org

EUREKA
MATH

Nombre _____   Fecha _____

    a. Construye una matriz con 12 bloques cuadrados.

    b. Escribe la ecuación de una suma repetida que corresponda con la matriz.

        _____

Lección 11:   Usar bloques cuadrados para componer un rectángulo y relacionarlo con
el modelo de matriz.

© 2019 Great Minds®. eureka-math.org

65

Lulú horneó una bandeja de bizcochos de chocolate. Los cortó en 3 filas y 3 columnas.

   a. Haz un dibujo de los bizcochos de chocolate de Lulú en la bandeja.

   b. Escribe un enunciado numérico para mostrar cuántos bizcochos de chocolate tiene Lulú.

Lección 12:   Usar dibujos matemáticos para componer un rectángulo con bloques cuadrados.

c. Escribe un enunciado sobre los bizcochos de chocolate de Lulú.

Extensión: ¿Cómo debe cortar Lulú sus bizcochos de chocolate si desea servir la misma cantidad a 12 personas? ¿a 16 personas? ¿a 20 personas?

_____

_____

_____

Lección 12:   Usar dibujos matemáticos para componer un rectángulo con bloques cuadrados.

EUREKA MATH

Nombre _____   Fecha _____

1. Dibuja sin usar un bloque cuadrado para hacer una matriz con 4 filas de 5.

2 filas de 5 = ____

_____ + _____ = _____

2. Haz un dibujo sin usar un bloque cuadrado p~
   4 columnas de 3.

4 columnas de 3 = _____

_____ + _____ + _____ + _____ = _____

3. Completa las siguientes matrices sin espacios libres o superposiciones. Ya se ha dibujado el primer bloque.

   a. 3 filas de 4

   b. 5 columnas de 3

   c. 5 columnas de 4

Lección 12:   Usar dibujos matemáticos para componer un rectángulo con bloques cuadrados.

© 2019 Great Minds®. eureka-math.org

EUREKA
MATH

Nombre _____ Fecha _____

Dibuja una matriz de 3 columnas de 3 comenzando con el siguiente cuadrado sin espacios o superposiciones.

Lección 12:   Usar dibujos matemáticos para componer un rectángulo con bloques cuadrados.

© 2019 Great Minds®. eureka-math.org

71

Elli hornea una bandeja cuadrada de barritas de limón y las corta en nueve partes iguales. Sus hermanos se comieron 1 fila de esas delicias. Después, su mamá se come 1 columna.

a. Haz un dibujo de las barritas de limón de Ellie antes de que se las comieran. Escribe un enunciado numérico para mostrar cómo encontrar el total.

b. Escribe una X sobre las barritas que se comieron sus hermanos. Escriban un nuevo enunciado numérico para mostrar cuántas quedan.

c. Dibuja una línea sobre las barritas que se comió su mamá. Escribe un nuevo enunciado numérico para mostrar cuántas quedan.

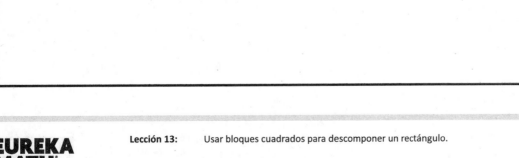

EUREKA MATH®

© 2019 Great Minds®. eureka-math.org

d. ¿Cuántas barritas quedan? Escribe un enunciado.

_____

_____

_____

74   Lección 13:   Usar bloques cuadrados para descomponer un rectángulo.

© 2019 Great Minds®. eureka-math.org

EUREKA
MATH

Nombre _____ Fecha _____

Usa tus bloques cuadrados para completar los pasos de cada problema.

Problema 1

   Paso 1: Construye un rectángulo con 4 columnas de 3.

   Paso 2: Separa 2 columnas de 3

   Paso 3: Escribe un vínculo numérico para mostrar el total y dos partes. Después, escribe un enunciado de suma repetida que corresponda con cada parte del vínculo numérico.

Problema 2

   Paso 1: Construye un rectángulo con 5 filas de 2.

   Paso 2: Separa 2 filas de 2.

   Paso 3: Escribe un vínculo numérico para mostrar el total y dos partes. Escribe un enunciado de suma repetida que corresponda con cada parte del vínculo numérico.

Problema 3

   Paso 1: Construye un rectángulo con 5 columnas de 3.

   Paso 2: Separa 3 columnas de 3

   Paso 3: Escribe un vínculo numérico para mostrar el total y dos partes. Escribe un enunciado de suma repetida que corresponda con cada parte del vínculo numérico.

4. Usa 12 bloques cuadrados para construir un rectángulo con 3 filas.

   a. _____ filas de _____ = 12

   b. Elimina 1 fila. ¿Cuántos cuadrados hay ahora? _____

   c. Elimina 1 columna del nuevo rectángulo que hiciste en 4(b). ¿Cuántos cuadrados hay ahora? _____

5. Usa 20 bloques cuadrados para construir un rectángulo.

   a. _____ filas de _____ = _____

   b. Elimina 1 fila. ¿Cuántos cuadrados hay ahora? _____ _____

   c. Elimina 1 columna del nuevo rectángulo que hiciste en 5(b). ¿Cuántos cuadrados hay ahora? _____

_____ques cuadrados para construir un rectángulo.

b. _____ ora? _____

c. Elimina 1 columna del nuevo _____ hiciste en 6(b). ¿Cuántos cuadrados hay ahora? _____

Lección 13:   Usar bloques cuadrados para descompon____

EUREKA MATH

Nombre _____   Fecha _____

Usa tus bloques cuadrados para completar los pasos de cada problema.

Paso 1: Construye un rectángulo con 3 columnas de 4.

Paso 2: Separa 2 columnas de 4.

Paso 3: Escribe un vínculo numérico para mostrar el total y dos partes. Escribe un enunciado de suma repetida que corresponda con cada parte del vínculo numérico.

Nombre _____   Fecha _____

Recorta los rectángulos A, B y C. Después, recorta siguiendo las instrucciones.
Responde cada una de las siguientes preguntas usando los rectángulos A, B y C.[1]

1. Corta cada fila del rectángulo A.

    a. El rectángulo A tiene _____ filas.

    b. Cada fila tiene _____ cuadrados.

    c. _____ filas de _____ = _____

    d. El rectángulo A tiene _____ cuadrados.

2. Recorta cada columna del rectángulo B.

    a. El rectángulo B tiene _____ columnas.

    b. Cada columna tiene _____ cuadrados.

    c. _____ columnas de _____ = _____

    d. El rectángulo B tiene _____ cuadrados.

_____

[1]Nota: Este grupo de problemas se usa con una plantilla de tres matrices idénticas de 2 por 4. Estas matrices están marcadas como Rectángulos A, B y C.

3. Recorta cada cuadrado de los rectángulos A y B.

   a. Construye un nuevo rectángulo usando los 16 cuadrados.

   b. Mi rectángulo tiene _____ filas de _____.

   c. Mi rectángulo también tiene _____ columnas de _____.

   d. Escribe dos enunciados numéricos de suma repetida que correspondan con tu rectángulo.

4. Construye una nueva matriz usando los 24 cuadrados de los rectángulos A, B y C.

   a. Mi rectángulo tiene _____ filas de _____.

   b. Mi rectángulo también tiene _____ columnas de _____.

   c. Escribe dos enunciados numéricos de suma repetida que correspondan con tu rectángulo.

Extensión: Construye otra matriz usando los cuadrados de los rectángulos A, B y C.

   a. Mi rectángulo tiene _____ filas de _____.

   b. Mi rectángulo también tiene _____ columnas de _____.

   c. Escribe dos enunciados numéricos de suma repetida que correspondan con tu rectángulo.

Lección 14: Usar tijeras para cortar un rectángulo en cuadrados del mismo tamaño y crear matrices con los cuadrados.

© 2019 Great Minds®. eureka-math.org

EUREKA MATH

Nombre _____   Fecha _____

Con sus bloques, muestra 1 rectángulo con 12 cuadrados. Completa los siguientes enunciados.

Veo _____ filas de _____.

En el mismo rectángulo, veo _____ columnas de _____.

Lección 14:   Usar tijeras para cortar un rectángulo en cuadrados del mismo tamaño y crear matrices con los cuadrados.

© 2019 Great Minds®. eureka-math.org

81

Rectángulo A

Rectángulo B

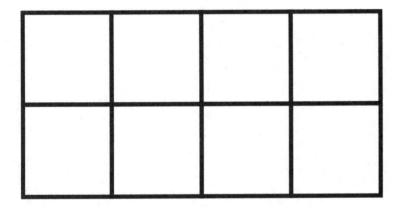

Rectángulo C

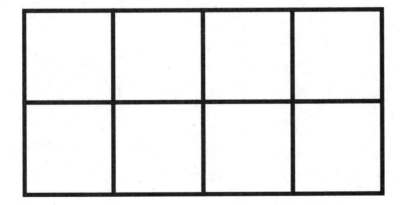

_____

rectángulos

    Lección 14:   Usar tijeras para cortar un rectángulo en cuadrados del mismo tamaño y crear   83
                         matrices con los cuadrados.

© 2019 Great Minds®. eureka-math.org

L (Lee el problema con atención).

Rick está llenando su bandeja de bollos con masa. Llena 2 columnas de 4.

Una columna de 4 está vacía.

   a. Haz un dibujo para mostrar los bollos y la columna vacía.

   b. Escribe una ecuación de suma repetida para decir cuántos bollos

       preparó Rick.

Lección 15:   Usar dibujos matemáticos para dividir un rectángulo con bloques cuadrados y relacionarlo con la suma repetida.

© 2019 Great Minds®. eureka-math.org

85

E (Escribe un enunciado que coincida con la historia).

_____

_____

_____

EUREKA MATH

Nombre _____ Fecha _____

1. Sombrea una matriz con 4 filas de 3.

Escribe una ecuación de suma repetida para la matriz.

_____

2. Sombrea una matriz con 4 filas de 3.

Escribe una ecuación de suma repetida para la matriz.

_____

3. Sombrea una matriz con 5 columnas de 4.

Escribe una ecuación de suma repetida para la matriz.

_____

Lección 15: Usar dibujos matemáticos para dividir un rectángulo con bloques cuadrados y relacionarlo con la suma repetida.

© 2019 Great Minds®. eureka-math.org

87

4. Dibuja una columna más de 2 para hacer una nueva matriz.

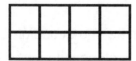

Escribe una ecuación de suma repetida para la nueva matriz.

_____

5. Dibuja una fila más de 4 y después una columna más para hacer una nueva matriz.

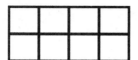

Escribe una ecuación de suma repetida para la nueva matriz.

_____

6. Dibuja una fila más y después dos columnas más para hacer una nueva matriz.

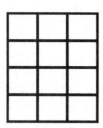

Escribe una ecuación de suma repetida para la nueva matriz.

_____

Lección 15:   Usar dibujos matemáticos para dividir un rectángulo con bloques cuadrados y relacionarlo con la suma repetida.

EUREKA MATH

Nombre _____   Fecha _____

Sombrea una matriz con 3 filas de 5.

Escribe una ecuación de suma repetida para la matriz.

_____

Lección 15:   Usar dibujos matemáticos para dividir un rectángulo con bloques cuadrados
y relacionarlo con la suma repetida.

© 2019 Great Minds®. eureka-math.org

89

L (Lee el problema con atención).

Rick está horneando bollos nuevamente. Ha llenado 3 columnas de 3 y ha dejado vacía una columna de 3.

a. Haz un dibujo para mostrar cómo se ve la bandeja de bollos. Sombrea las columnas que Rick llenó.

b. Escribe una ecuación de suma repetida para decir cuántos bollos preparó Rick. Luego, escribe una ecuación de suma repetida para decir cuántos bollos cabrían en toda la bandeja.

Lección 16:   Usar papel cuadriculado para crear diseños y desarrollar la estructuración espacial.

© 2019 Great Minds®. eureka-math.org

91

E (Escribe un enunciado que coincida con la historia).

_____

_____

_____

Lección 16:   Usar papel cuadriculado para crear diseños y desarrollar
la estructuración espacial.

EUREKA
MATH

Nombre _____   Fecha _____

Usa tus bloques cuadrados y papel cuadriculado para hacer los siguientes problemas.

Problema 1

    a. Recorta 10 bloques cuadrados.

    b. Recorta uno de tus bloques cuadrados a la mitad diagonalmente.

    c. Crea un diseño.

    d. Sombrea tu diseño en el papel cuadriculado.

Problema 2

    a. Usa 16 bloques cuadrados.

    b. Recorta dos de tus bloques cuadrados a la mitad diagonalmente.

    c. Crea un diseño.

    d. Sombrea tu diseño en el papel cuadriculado.

    e. Comparte tu segundo diseño con tu compañero.

    f. Revisa la copia de cada uno para asegurarse que coincide con el diseño de bloques.

Problema 3

    a. Crea un diseño de 3 por 3 con tu compañero en la esquina de una nueva pieza de papel cuadriculado.

    b. Con tu compañero, copia el diseño para llenar toda la hoja.

Lección 16:   Usar papel cuadriculado para crear diseños y desarrollar la estructuración espacial.

© 2019 Great Minds®. eureka-math.org

93

Nombre _____   Fecha _____

Usa tus bloques cuadrados y papel cuadriculado para hacer lo siguiente.

   a. Crea un diseño con los bloques de papel que utilizaste en la lección.

   b. Sombrea tu diseño en el papel cuadriculado.

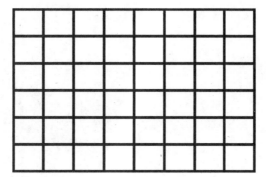

Lección 16:   Usar papel cuadriculado para crear diseños y desarrollar
la estructuración espacial.

© 2019 Great Minds®. eureka-math.org

95

papel cuadriculado

Lección 16:   Usar papel cuadriculado para crear diseños y desarrollar
la estructuración espacial.

97

© 2019 Great Minds®. eureka-math.org

Siete estudiantes se sientan en un lado de una mesa del comedor. Siete estudiantes más se sientan enfrente de ellos en el otro lado de la mesa.

a. Dibuja una matriz para mostrar a los estudiantes.

b. Escribe una ecuación de suma que corresponda con la matriz.

Lección 17:   Relacionar los números dobles con los números pares y escribir enunciados numéricos para expresar las sumas.

© 2019 Great Minds®. eureka-math.org

99

Tres estudiantes más se sientan en cada lado de la mesa.

   a. Dibuja una matriz que muestre cuántos estudiantes hay ahora.

   b. Escribe una ecuación de suma que corresponda con la nueva matriz.

Lección 17:   Relacionar los números dobles con los números pares y escribir enunciados numéricos para expresar las sumas.

© 2019 Great Minds®. eureka-math.org

Nombre _____   Fecha _____

1. Dibuja para duplicar el grupo que ves. Completa el enunciado, y escribe una ecuación de suma.

a.
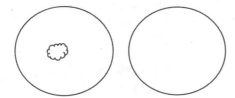

Hay _____ nube en cada grupo.

_____ + _____ = _____

b.
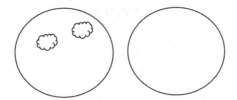

Hay _____ nubes en cada grupo.

_____ + _____ = _____

c.
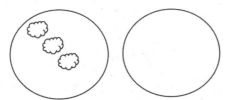

Hay _____ nubes en cada grupo.

_____ + _____ = _____

d.
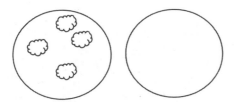

Hay _____ nubes en cada grupo.

_____ + _____ = _____

e.
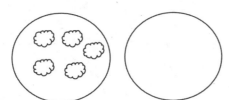

Hay _____ nubes en cada grupo.

_____ + _____ = _____

EUREKA MATH®

Lección 17:   Relacionar los números dobles con los números pares y escribir enunciados numéricos para expresar las sumas.

© 2019 Great Minds®. eureka-math.org

101

2. Dibuja una matriz para cada grupo. Completa los enunciados. El primer ejemplo ya está dibujado.

a. **2 filas de 6**

⊙⊙⊙⊙⊙⊙
⊙⊙⊙⊙⊙⊙

2 filas de 6 = _____

_____ + _____ = _____

6 duplicado es _____.

b. **2 filas de 7**

2 filas de 7 = _____

_____ + _____ = _____

7 duplicado es _____.

c. **2 filas de 8**

2 filas de 8 = _____

_____ + _____ = _____

8 duplicado es _____.

d. **2 filas de 9**

2 filas de 9 = _____

_____ + _____ = _____

9 duplicado es _____.

e. **2 filas de 10**

2 filas de 10 = _____

_____ + _____ = _____

10 duplicado es _____.

3. Haz una lista con los totales del Problema 1. _____

Haz una lista con los totales del Problema 2. _____

¿Los números en tu lista son pares o impares? _____

Explica de qué formas los números son iguales y diferentes.

102   Lección 17:   Relacionar los números dobles con los números pares y escribir enunciados
                            numéricos para expresar las sumas.

© 2019 Great Minds®. eureka-math.org

EUREKA
MATH

Nombre _____   Fecha _____

Dibuja una matriz para cada grupo. Completa los enunciados.

a. 2 filas de 5

2 filas de 5 = _____

_____ + _____ = _____

Encierra en un círculo uno: 5 duplicado es par/impar.

b. 2 filas de 3

2 filas de 3 = _____

_____ + _____ = _____

Encierra en un círculo uno: 3 duplicado es par/impar.

Lección 17:   Relacionar los números dobles con los números pares y escribir enunciados
              numéricos para expresar las sumas.

103

© 2019 Great Minds®. eureka-math.org

L (Lee el problema con atención).

Los huevos vienen en cajas de 12. Usa dibujos, números o palabras para explicar si 12 es número par o impar.

Nombre _____   Fecha _____

1. Forma pares con los objetos para decidir si el número de objetos es par.

                                                          Par/Impar

                                                          Par/Impar

                                                          Par/Impar

2. Dibuja para continuar el patrón de pares en el siguiente espacio hasta que hayas dibujado 10 pares.

3. Escribe el número de puntos en cada matriz del Problema 2 en orden del menor al mayor.

4. Encierra en un círculo la matriz en el Problema 2 que tiene 2 columnas de 7.

5. Encierra en un cuadro la matriz del Problema 2 que tiene 2 columnas de 9.

6. Vuelve a dibujar los siguientes grupos de puntos como columnas de dos o 2 filas iguales.

a.

b.

Hay _____ puntos.
¿ _____ es un número par? _____

Hay _____ puntos.
¿ _____ es un número par? _____

7. Encierra en un círculo grupos de dos. Cuenta de dos en dos para ver si el número de objetos es par.

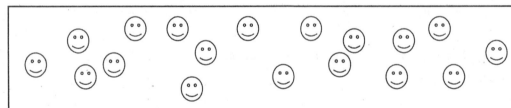

a. Hay _____ dos. Hay _____ sobrantes.

b. Cuenta de dos en dos para encontrar el total.

_____, _____, _____, _____, _____, _____, _____, _____, _____

c. Este grupo tiene un número par de objetos: Verdadero o falso

Lección 18:   Formar pares con objetos y contar en series para relacionarlos con números pares.

© 2019 Great Minds®. eureka-math.org

EUREKA
MATH

Nombre _____ Fecha _____

Vuelve a dibujar los siguientes grupos de puntos como columnas de dos o 2 filas iguales.

1.

2.

Hay _____ puntos.

¿_____ es un número par? _____

Hay _____ puntos.

¿_____ es un número par? _____

  Lección 18:   Formar pares con objetos y contar en series para relacionarlos con
números pares.

© 2019 Great Minds®. eureka-math.org

109

L (Lee el problema con atención)

Los huevos vienen en cajas de 12. La mamá de Joanna usó 1 huevo. Usa dibujos, números o palabras para explicar si la cantidad que quedó es par o impar.

 Lección 19:   Explorar el patrón de los números pares: 0, 2, 4, 6 y 8 en el lugar de las unidades   **111**
y relacionarlo con los números impares.

© 2019 Great Minds®. eureka-math.org

Nombre _____   Fecha _____

1. Cuenta en series las columnas en la matriz. El primer ejercicio ya está resuelto.

◯ ◯ ◯ ◯ ◯ ◯ ◯ ◯ ◯ ◯
◯ ◯ ◯ ◯ ◯ ◯ ◯ ◯ ◯ ◯
   2
__ __ __ __ __ __ __ __ __ __

2. a. Resuelve.

$1 + 1 =$ _____

$2 + 2 =$ _____

$3 + 3 =$ _____

$4 + 4 =$ _____

$5 + 5 =$ _____

$6 + 6 =$ _____

$7 + 7 =$ _____

$8 + 8 =$ _____

$9 + 9 =$ _____

$10 + 10 =$ _____

b. Explica la relación entre la matriz en el Problema 1 y las respuestas en el Problema 2(a).

_____

_____

_____

3. a. Completa los números faltantes en la recta numérica.

20, 22, 24, ____, 28, 30 ____, ____, 36, ____, 40, ____, ____, 46, ____, ____

b. Completa los números impares en la recta numérica.

0, ___, 2, ___, 4, ___, 6, ___, 8, ___, 10, ___, 12, ___, 14, ___, 16, ___, 18, ___, 20, ___

4. Escribe para identificar los números en **negritas** como pares o impares. El primer ejercicio ya está resuelto.

a. 6 + 1 = 7 <u>par</u> + 1 = <u>impar</u>	b. 24 + 1 = 25 ____ + 1 = ____	c. 30 + 1 = 31 ____ + 1 = ____
d. 6 - 1 = 5 ____ - 1 = ____	e. 24 - 1 = 23 ____ - 1 = ____	f. 30 - 1 = 29 ____ - 1 = ____

5. ¿Los números en **negritas** son pares o impares? Encierra en un círculo la respuesta y explica cómo lo sabes.

a.	**28** Par/Impar	Explicación:
b.	**39** Par/Impar	Explicación:
c.	**45** Par/Impar	Explicación:
d.	**50** Par/Impar	Explicación:

Lección 19: Explorar el patrón de los números pares: 0, 2, 4, 6 y 8 en el lugar de las unidades y relacionarlo con los números impares.

© 2019 Great Minds®. eureka-math.org

EUREKA MATH

Nombre _____   Fecha _____

¿Los números en **negritas** son pares o impares? Encierra en un círculo la respuesta y explica cómo lo sabes.

a. **18** Par/Impar	Explicación:
b. **23** Par/Impar	Explicación:

Lección 19:   Explorar el patrón de los números pares: 0, 2, 4, 6 y 8 en el lugar de las unidades y relacionarlo con los números impares.   **115**

© 2019 Great Minds®. eureka-math.org

L (Lee el problema con atención).

La Srta. Boxer tiene 11 niños y 9 niñas en la fiesta del 2° grado.

a. Escribe la ecuación que muestre la cantidad total de personas.

b. ¿Los sumandos son pares o impares?

c. La Srta. Boxer quiere formar parejas para hacer un juego. ¿Tiene la cantidad correcta de personas para que todas tengan un compañero/a?

D (Dibuja una imagen).
E (Escribe y resuelve una ecuación).

Lección 20:   Usar matrices rectangulares para investigar los números pares e impares.   **117**

© 2019 Great Minds®. eureka-math.org

E (Escribe un enunciado que coincida con la historia).

_____

_____

_____

EUREKA MATH

Nombre _____   Fecha _____

1. Usa los objetos para crear una matriz.

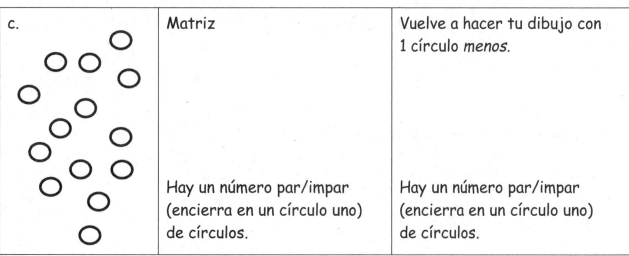

a.	Matriz	Vuelve a hacer tu dibujo con 1 círculo *menos*.
	Hay un número par/impar (encierra en un círculo uno) de círculos.	Hay un número par/impar (encierra en un círculo uno) de círculos.

b.	Matriz	Vuelve a hacer tu dibujo con 1 círculo *más*.
	Hay un número par/impar (encierra en un círculo uno) de círculos.	Hay un número par/impar (encierra en un círculo uno) de círculos.

c.	Matriz	Vuelve a hacer tu dibujo con 1 círculo *menos*.
	Hay un número par/impar (encierra en un círculo uno) de círculos.	Hay un número par/impar (encierra en un círculo uno) de círculos.

2. Resuelve. Indica si cada número es impar (I) o par (P). El primer ejercicio
    ya está resuelto.

   a. 6   +   4   =   10   d. 14   +   8   = _____

      P   +   P   =   P   _____ + _____ = _____

   b. 17   +   2   = _____   e. 3   +   9   = _____

      _____ + _____ = _____   +   = _____

   c. 11   +   13   = _____   f. 5   +   14   = _____

      _____ + _____ = _____   _____ + _____ = _____

3. Escribe dos ejemplos para cada caso. Escribe si tus respuestas son pares o impares.
    El primer ejemplo ya está resuelto.

   a. Suma un número par a un número par.

       _____32 + 8 = 40 par_____   _____

   b. Suma un número impar a un número par.

       _____   _____

   c. Suma un número impar a un número impar.

       _____   _____

120   Lección 20:   Usar matrices rectangulares para investigar los números pares e impares.

© 2019 Great Minds®. eureka-math.org

EUREKA MATH

Nombre _____   Fecha _____

Usa los objetos para crear una matriz.

| | Matriz

Hay un número par/impar (encierra en un círculo uno) de círculos. | Vuelve a hacer tu dibujo con 1 círculo *menos*.

Hay un número par/impar (encierra en un círculo uno) de círculos. |

EUREKA
MATH®

Lección 20:   Usar matrices rectangulares para investigar los números pares e impares.

121

© 2019 Great Minds®. eureka-math.org

2.º grado
Módulo 7

L (Lee el problema con atención).

Hay 24 pingüinos deslizándose sobre el hielo. Hay 18 ballenas chapoteando en el océano. ¿Cuántos pingüinos más que ballenas hay?

D (Dibuja una imagen).

E (Escribe y resuelve una ecuación).

 Lección 1: Ordenar y registrar datos en una tabla usando hasta cuatro categorías; usar las cuentas de las categorías para resolver problemas escritos. 125

© 2019 Great Minds®. eureka-math.org

E (Escribe un enunciado que coincida con la historia).

_____

_____

_____

Lección 1:   Ordenar y registrar datos en una tabla usando hasta cuatro categorías; usar las cuentas de las categorías para resolver problemas escritos.

© 2019 Great Minds®. eureka-math.org

EUREKA
MATH

Nombre _____   Fecha _____

1. Cuenta y clasifica cada imagen para completar la tabla con marcas de conteo.

Sin patas	2 patas	4 patas

2. Cuenta y clasifica cada imagen para completar la tabla con números.

Pelaje	Plumas

EUREKA MATH

Lección 1:   Ordenar y registrar datos en una tabla usando hasta cuatro categorías; usar las cuentas de las categorías para resolver problemas escritos.

127

© 2019 Great Minds®. eureka-math.org

3. Usa la tabla para responder las siguientes preguntas.

Cantidad de animales que viven en hábitats diferentes		
Bosques	Humedales	Praderas
┼┼┼ |	┼┼┼	┼┼┼ ┼┼┼ ||||

a. ¿Cuántos animales tienen sus hábitats en praderas y humedales? _____

b. ¿Cuántos animales menos tienen hábitats en los bosques que hábitats en las praderas? _____

c. ¿Cuántos animales más se necesitarían en la categoría de los bosques para tener la misma cantidad de animales que en la categoría de las praderas? _____

d. ¿Cuántos hábitats de animales en total se usaron para crear esta tabla? _____

Lección 1:   Ordenar y registrar datos en una tabla usando hasta cuatro categorías; usar las cuentas de las categorías para resolver problemas escritos.

© 2019 Great Minds®. eureka-math.org

EUREKA MATH

4. Usa la tabla de la Clasificación de animales para responder las siguientes preguntas acerca de los tipos de animales que los alumnos de segundo grado de la Srta. Lee encontraron en el zoológico local.

Clasificación de animales			
Aves	Peces	Mamíferos	Reptiles
6	5	11	3

a. ¿Cuántos animales son aves, peces o reptiles? _____

b. ¿Cuántas aves y mamíferos más que peces y reptiles hay? _____

c. ¿Cuántos animales fueron clasificados? _____

d. ¿Cuántos animales más se necesitarían agregar a la tabla para tener 35 animales clasificados? _____

e. Si se agregan 5 aves más y 2 reptiles más a la tabla, ¿cuántos reptiles menos que aves habrá? _____

 Lección 1:   Ordenar y registrar datos en una tabla usando hasta cuatro categorías; usar las cuentas de las categorías para resolver problemas escritos.   129

© 2019 Great Minds®. eureka-math.org

Nombre _____ Fecha _____

Usa la tabla de la Clasificación de animales para responder las siguientes preguntas acerca de los tipos de animales que hay en el zoológico local.

Clasificación de animales			
Aves	Peces	Mamíferos	Reptiles
9	4	17	8

1. ¿Cuántos animales son aves, peces o reptiles? _____

2. ¿Cuántos mamíferos más que peces hay? _____

3. ¿Cuántos animales fueron clasificados? _____

4. ¿Cuántos animales más se necesitarían agregar a la tabla para tener 45 animales clasificados? _____

Lección 1:   Ordenar y registrar datos en una tabla usando hasta cuatro categorías; usar las cuentas de las categorías para resolver problemas escritos.

131

© 2019 Great Minds®. eureka-math.org

L (Lee el problema con atención).

Gema está contando animales en el parque. Contó 16 petirrojos, 19 patos y 17 ardillas. ¿Cuántos petirrojos y patos más que ardillas contó Gema?

D (Dibuja una imagen).

E (Escribe y resuelve una ecuación).

Lección 2: Dibujar y etiquetar una gráfica de imágenes para representar los datos con hasta cuatro categorías.

© 2019 Great Minds®. eureka-math.org

133

E (Escribe un enunciado que coincida con la historia).

_____

_____

_____

Lección 2:   Dibujar y etiquetar una gráfica de imágenes para representar los datos con hasta cuatro categorías.

© 2019 Great Minds®. eureka-math.org

EUREKA MATH®

Nombre _____   Fecha _____

1. Usa papel cuadriculado para crear una gráfica de imágenes usando los datos proporcionados en la tabla. Luego, responde las preguntas.

Clasificación de animales del Zoológico de Central Park			
Aves	Peces	Mamíferos	Reptiles
6	5	11	3

Título: _____

a. ¿Cuántos mamíferos más que peces hay? _____

b. ¿Cuántos animales mamíferos y peces más que aves y reptiles hay? _____

c. ¿Cuántos animales reptiles menos que mamíferos hay? _____

_____   _____   _____   _____

Leyenda: _____

d. Escribe y responde tu propia pregunta de comparación con base en los datos.

Pregunta: _____

Respuesta: _____

Lección 2:   Dibujar y etiquetar una gráfica de imágenes para representar los datos con hasta cuatro categorías.

135

2. Usa la siguiente tabla para crear una gráfica de imágenes en el espacio proporcionado.

Cantidad de animales que viven en hábitats diferentes		
Desierto	Tundra	Praderas
⊥⊥⊥⊥ I	⊥⊥⊥⊥	⊥⊥⊥⊥ ⊥⊥⊥⊥ IIII

Título: _____

Leyenda: _____

a. ¿Cuántos hábitats de animales más hay en las praderas que en el desierto?

_____

b. ¿Cuántos hábitats de animales menos hay en la tundra que en las praderas y desiertos juntos? _____

c. Escribe y responde tu propia pregunta de comparación con base en los datos.

Pregunta: _____

Respuesta: _____

Lección 2:   Dibujar y etiquetar una gráfica de imágenes para representar los datos con hasta cuatro categorías.

© 2019 Great Minds®. eureka-math.org

EUREKA MATH

Nombre _____   Fecha _____

Usa papel cuadriculado para crear una gráfica de imágenes usando los datos proporcionados en la tabla. Luego, responde las preguntas.

Clasificación de animales del Zoológico de Fairview			
Aves	Peces	Mamíferos	Reptiles
8	4	12	5

a. ¿Cuántos animales mamíferos más que aves hay?

b. ¿Cuántos animales mamíferos y peces más que aves y reptiles hay?

c. ¿Cuántos animales peces menos que aves hay?

Título: _____

Leyenda: _____

EUREKA MATH

Lección 2:   Dibujar y etiquetar una gráfica de imágenes para representar los datos con hasta cuatro categorías.

© 2019 Great Minds®. eureka-math.org

137

Leyenda:_____

Leyenda: _____

Gráficas de imágenes verticales y horizontales

_____

Leyenda:_____

_____

Gráfica de imágenes vertical

Lección 2:   Dibujar y etiquetar una gráfica de imágenes para representar los datos
con hasta cuatro categorías.

141

© 2019 Great Minds®. eureka-math.org

a. Usa la tabla de conteo para llenar la gráfica de imágenes.

b. Dibuja un diagrama de cinta para mostrar cuántos libros más lee José que Laura.

c. Si José, Laura y Linda leyeron 21 libros en total, ¿cuántos libros leyó Linda?

d. Completa la tabla de conteo y la gráfica.

Cantidad de libros leídos

José	Laura	Linda
卌 III	卌	

EUREKA MATH

Lección 3:   Dibujar y etiquetar una gráfica de barras para representar los datos; relacionar la escala de la cuenta con la recta numérica.

© 2019 Great Minds®. eureka-math.org

143

Número de libros leídos

Jose   Laura   Linda

Cada ⬤ representa 1 libro.

Lección 3:   Dibujar y etiquetar una gráfica de barras para representar los datos; relacionar la escala de la cuenta con la recta numérica.

EUREKA
MATH

Nombre _____   Fecha _____

1. Completa la siguiente gráfica de barras usando los datos proporcionados en la tabla. Luego, responde las preguntas acerca de los datos.

Clasificación de animales			
Aves	Peces	Mamíferos	Reptiles
6	5	11	3

Título: _____

0   __ __ __ __ __ __ __ __ __ __ __ __

a. ¿Cuántas aves más que reptiles hay? _____

b. ¿Cuántas aves y mamíferos más que peces y reptiles hay? _____

c. ¿Cuántos reptiles y peces menos que y mamíferos hay? _____

d. Escribe y responde tu propia pregunta de comparación con base en los datos.

Pregunta: _____

Respuesta: _____

2. Completa la siguiente gráfica de barras usando los datos proporcionados en la tabla.

Cantidad de animales que viven en hábitats diferentes		
Desierto	Ártico	Praderas
HHH I	HHH	HHH HHH IIII

Título: _____

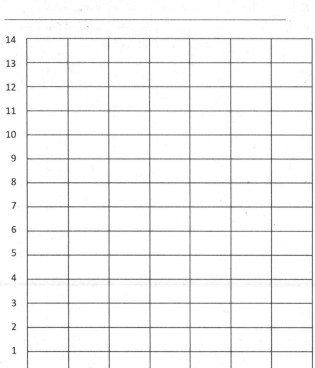

14
13
12
11
10
9
8
7
6
5
4
3
2
1
0

_____   _____   _____

a. ¿Cuántos animales más viven en los hábitats de las praderas y el ártico juntos que en el desierto? _____

b. Si en la gráfica se agregan 3 animales más a las praderas y 4 animales más al ártico, ¿cuántos animales habrá en las praderas y en el ártico? _____

c. Si en cada categoría se eliminan 3 animales, ¿cuántos animales habrá? _____

d. Escribe tu propia pregunta de comparación con base en los datos y respóndela.

Pregunta: _____

Respuesta: _____

Lección 3:   Dibujar y etiquetar una gráfica de barras para representar los datos; relacionar la escala de la cuenta con la recta numérica.

© 2019 Great Minds®. eureka-math.org

EUREKA MATH

Nombre _____   Fecha _____

Completa la siguiente gráfica de barras usando los datos proporcionados en la tabla. Luego, responde las preguntas acerca de los datos.

Clasificación de animales			
Aves	Peces	Mamíferos	Reptiles
7	12	8	6

Título: _____

0 __ __ __ __ __ __ __ __ __ __

a. ¿Cuántos peces más que reptiles hay? _____

b. ¿Cuántos peces y mamíferos más que aves y reptiles hay? _____

   Lección 3:   Dibujar y etiquetar una gráfica de barras para representar los datos; relacionar la escala de la cuenta con la recta numérica.   147

© 2019 Great Minds®. eureka-math.org

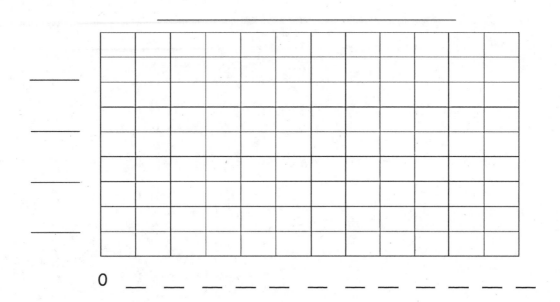

Título: _____

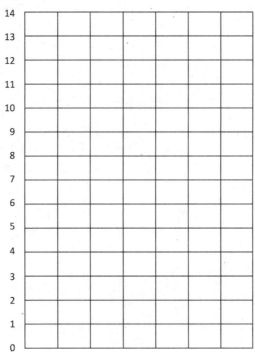

Lección 3:   Dibujar y etiquetar una gráfica de barras para representar los datos;
relacionar la escala de la cuenta con la recta numérica.

149

EUREKA
MATH®

Después de una visita al zoológico, los estudiantes de la Srta. Anderson votaron por sus animales favoritos. Usen la gráfica de barras para responder a las siguientes preguntas.

a. ¿Qué animal obtuvo menos votos?

b. ¿Qué animal obtuvo más votos?

c. ¿A cuántos estudiantes más les gustaron los dragones de Komodo en comparación con los osos koalas?

d. Luego, dos estudiantes cambiaron sus votos por el oso koala y se los dieron al leopardo de las nieves. ¿Cuál fue entonces la diferencia entre los osos koala y los leopardos de las nieves?

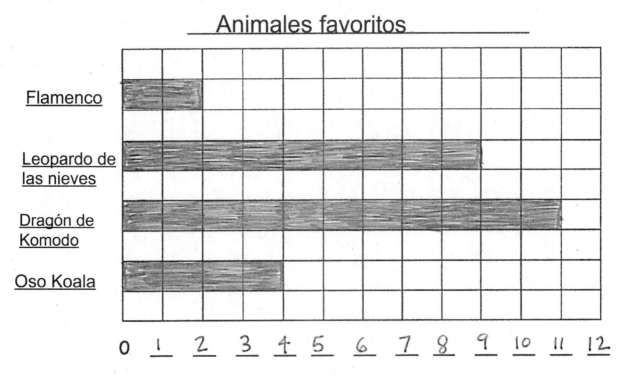

Animales favoritos

a.
_____

_____

b.
_____

_____

c.
_____

_____

d.
_____

_____

Lección 4:   Dibujar una gráfica de barras para representar un conjunto de datos dado.

EUREKA MATH®

Nombre _____ Fecha _____

1. Completa la gráfica de barras usando la tabla con los tipos de bichos que Alicia contó en el parque. Luego, responde las siguientes preguntas.

Tipos de bichos			
Mariposas	Arañas	Abejas	Grillos
5	14	12	7

Título: _____

a. ¿Cuántas mariposas contó en el parque? _____

b. ¿Cuántas abejas más que grillos contó en el parque? _____

c. ¿Cuál bicho contó dos veces más que grillos? _____

d. ¿Cuántos bichos contó Alicia en el parque? _____

e. ¿Cuántas mariposas menos contó en el parque que abejas y grillos? _____

Lección 4:   Dibujar una gráfica de barras para representar un conjunto de datos dado.

153

© 2019 Great Minds®. eureka-math.org

2. Completa la gráfica de barras con etiquetas y números usando la cantidad de animales en la granja de O'Brien.

Animales en la granja de O'Brien			
Cabras	Cerdos	Vacas	Pollos
13	15	7	8

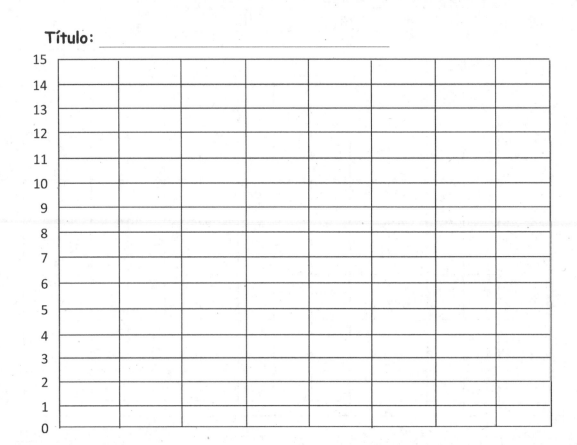

Título: _____

a. ¿Cuántos cerdos más que vacas hay en la granja de O'Brien? _____

b. ¿Cuántas vacas menos que cabras hay en la granja de O'Brien? _____

c. ¿Cuántos pollos menos que cabras y vacas hay en la granja de O'Brien? _____

d. Escribe una pregunta de comparación que pueda ser contestada usando los datos en la gráfica de barras.

_____

Lección 4: Dibujar una gráfica de barras para representar un conjunto de datos dado.

© 2019 Great Minds®. eureka-math.org

EUREKA MATH

Nombre _____   Fecha _____

Completa la gráfica de barras usando la tabla con los tipos de bichos que Jeremy contó en su patio trasero. Luego, responde las siguientes preguntas.

Tipos de bichos			
Mariposas	Arañas	Abejas	Grillos
4	8	10	9

Título: _____

0 _ _ _ _ _ _ _ _ _ _ _ _ _ _ _ _

a. ¿Cuántas arañas y grillos más que abejas y mariposas contó? _____

b. Si se contaron 5 mariposas más, ¿cuántos bichos se contaron? _____

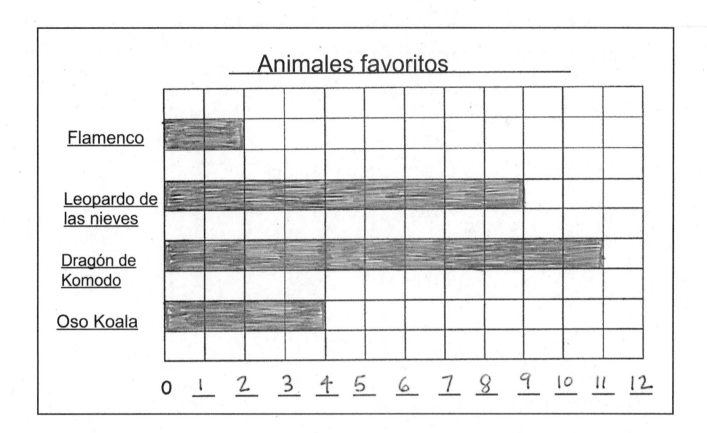

Gráfica de barras de Animales favoritos

Lección 4:   Dibujar una gráfica de barras para representar un conjunto de datos dado.

© 2019 Great Minds®. eureka-math.org

157

L (Lee el problema con atención).

Rita tiene 19 monedas de 1 centavo más que Carlos. Rita tiene 27 monedas de 1 centavo. ¿Cuántas monedas de 1 centavo tiene Carlos?

D (Dibuja una imagen).

E (Escribe y resuelve una ecuación).

E (Escribe un enunciado que coincida con la historia).

_____

_____

_____

Resolver problemas escritos usando datos presentados en una gráfica de barras.

EUREKA MATH

Nombre _____   Fecha _____

Callista ahorró monedas de 1 centavo. Usa la tabla para completar la gráfica de barras. Luego, responde las siguientes preguntas.

Monedas de 1 centavo ahorradas			
Sábado	Domingo	Lunes	Martes
15	10	4	7

Título: _____

15
14
13
12
11
10
9
8
7
6
5
4
3
2
1
0

_____   _____   _____   _____

a. ¿Cuántas monedas de 1 centavo ahorró Callista en total? _____

b. Su hermana ahorró 18 monedas de 1 centavo menos. ¿Cuántas monedas de 1 centavo ahorró su hermana? _____

c. ¿Cuánto dinero más ahorró Callista el sábado que el lunes y el martes? _____

d. ¿Cómo cambiarían los datos si Callista duplicara la cantidad de dinero que ahorró el domingo?

_____

e. Escribe una pregunta de comparación que pueda ser contestada usando los datos en la gráfica de barras.

_____

Lección 5:   Resolver problemas escritos usando datos presentados en una gráfica   161
               de barras.

© 2019 Great Minds®. eureka-math.org

Nombre _____   Fecha _____

Un grupo de amigos contó sus monedas de 5 centavos. Usa la tabla para completar la gráfica de barras. Luego, responde las siguientes preguntas.

Cantidad de monedas de 5 centavos			
Annie	Scarlett	Remy	LaShay
5	11	8	14

Título: _____

0 __ __ __ __ __ __ __ __ __ __ __

a. ¿Cuántas manzanas tienen los chicos en total? _____

b. ¿Cuál es el valor total de las monedas de Annie y Remy? _____

c. ¿Cuántas monedas menos tiene Remy que LaShay? _____

d. ¿Quién tiene menos dinero, Annie y Scarlett o Remy y LaShay? _____

e. Escribe una pregunta de comparación que pueda ser contestada usando los datos en la gráfica de barras.

_____

    Lección 5:   Resolver problemas escritos usando datos presentados en una gráfica de barras.

© 2019 Great Minds®. eureka-math.org   EUREKA MATH

Nombre _____   Fecha _____

1. Diseña una encuesta y recolecta los datos.

2. Etiqueta y llena la tabla.

3. Usa la tabla para etiquetar y completar la gráfica de barras.

4. Escribe preguntas con base en la gráfica y, luego, deja que los estudiantes usen tu gráfica para responderlas.

   a. _____

   b. _____

   c. _____

   d. _____

Nombre _____   Fecha _____

1. Usa la tabla para completar la gráfica de barras. Luego, responde las siguientes
    preguntas.

Cantidad de monedas de 10 centavos

Emilia	Andrés	Tomás	Ava
8	12	6	13

Título: _____

a. ¿Cuántas monedas de 10 centavos más tiene Andrés que Emilia? _____

b. ¿Cuántas monedas de 10 centavos menos tiene Tomás que Ava y Emilia? _____

c. Encierra en un círculo la pareja que tiene más monedas de 10 centavos, Emilia y
    Ava o Andrés y Tomás.
    ¿Cuántas más? _____

d. ¿Cuál es la cantidad total de monedas de 10 centavos si todos los estudiantes
    juntan su dinero?

    _____

Lección 5:   Resolver problemas escritos usando datos presentados en una gráfica de barras.   165

2. Usa la tabla para completar la gráfica de barras. Luego, responde las siguientes preguntas.

Cantidad de monedas de 10 centavos donadas

Madison	Robin	Benjamín	Miguel
12	10	15	13

Título: _____

a. ¿Cuántas monedas de 10 centavos más donó Miguel que Robin? _____

b. ¿Cuántas monedas de 10 centavos menos donó Madison que Robin y Benjamín? _____

c. ¿Cuántas monedas de 10 centavos se necesitan para que miguel done lo mismo que Benjamín y Madison? _____

d. ¿Cuántas monedas de 10 centavos fueron donadas? _____

EUREKA MATH

Nombre _____   Fecha _____

Usa la tabla para completar la gráfica de barras. Luego, responde las siguientes preguntas.

Cantidad de monedas de 10 centavos

Lacy	Sam	Stefanie	Amber
6	11	9	14

Título: _____

a. ¿Cuántas monedas de 10 centavos más tiene Amber que Stefanie? _____

b. ¿Cuántas monedas de 10 centavos necesitan ahorrar Sam y Lacy para igualar a Stefanie y Amber? _____

L (Lee el problema con atención).

Sarah está ahorrando dinero en su alcancía. Hasta ahora, tiene 3 monedas de 10 centavos, 1 moneda de 25 centavos y 8 monedas de 1 centavo.

    a. ¿Cuánto dinero tiene Sarah?

    b. ¿Cuánto más necesita para tener un dólar?

D (Dibuja una imagen).

E (Escribe y resuelve una ecuación).

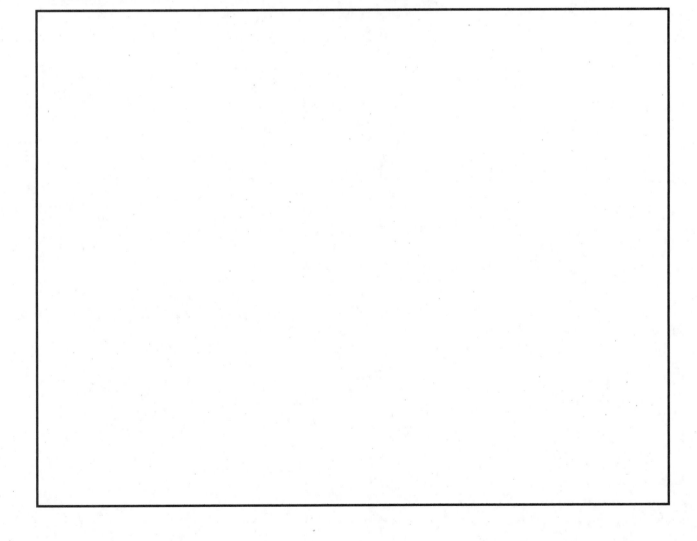

Lección 6: Reconocer el valor de las monedas y contarlas para encontrar su valor total.

169

© 2019 Great Minds®. eureka-math.org

E (Escribe un enunciado que coincida con la historia).

a. _____

_____

b. _____

_____

EUREKA
MATH

Nombre _____   Fecha _____

Cuenta o suma para encontrar el valor total de cada grupo de monedas.
Escribe el valor usando los símbolos ¢ o $.

1.	_____
2.	_____
3.	_____
4.	_____
5.	_____
6.	_____
7.	_____

EUREKA MATH

Lección 6:   Reconocer el valor de las monedas y contarlas para encontrar su valor total.

© 2019 Great Minds®. eureka-math.org

171

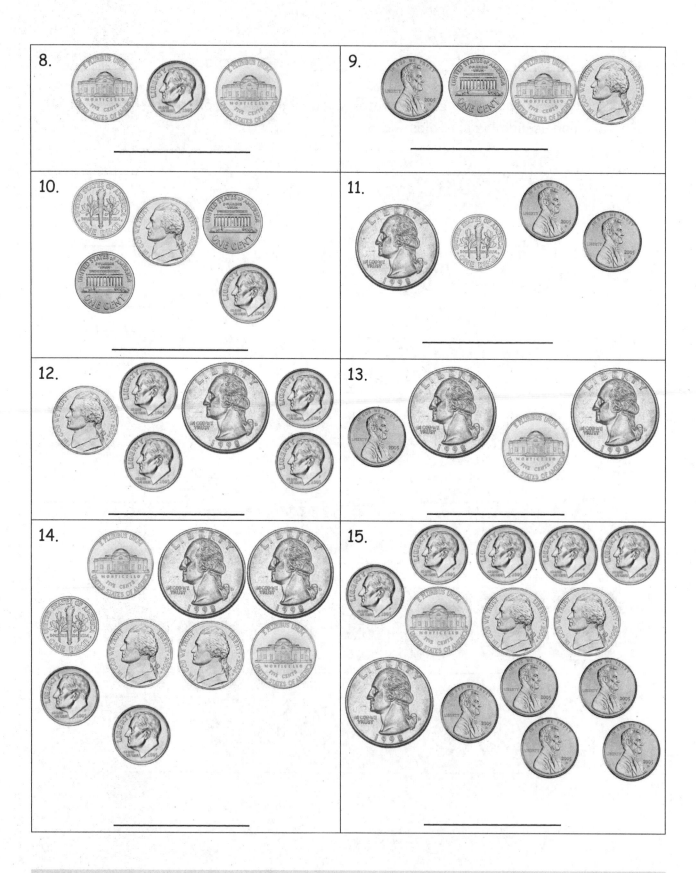

8. _____

9. _____

10. _____

11. _____

12. _____

13. _____

14. _____

15. _____

Lección 6:   Reconocer el valor de las monedas y contarlas para encontrar su valor
total.

EUREKA
MATH®

Nombre _____   Fecha _____

Cuenta o suma para encontrar el valor total de cada grupo de monedas.

Escribe el valor usando los símbolos ¢ o $.

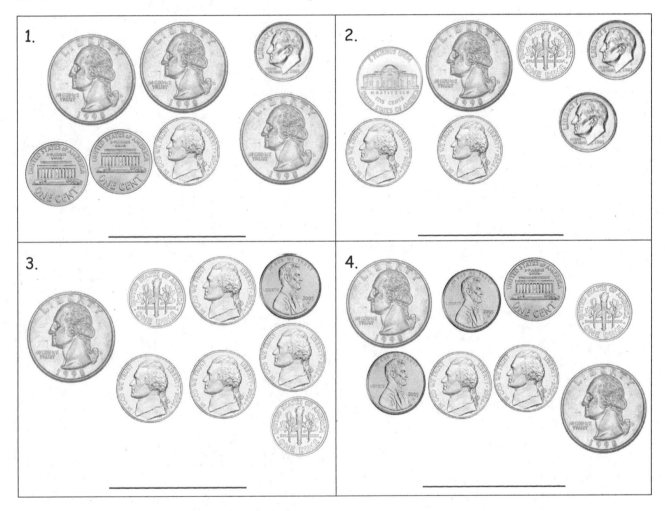

1. _____   2. _____

3. _____   4. _____

L (Lee el problema con atención).

Danny tiene 2 monedas de 10 centavos, 1 moneda de 25 centavos,

3 monedas de 5 centavos y 5 monedas de 1 centavo.

   a. ¿Cuál es el valor total de las monedas de Danny?

   b. Muestra dos maneras diferentes de sumar que Danny puede utilizar

   para encontrar el total.

D (Dibuja una imagen).
E (Escribe y resuelve una ecuación).

Lección 7:   Resolver problemas escritos que involucran el valor total de un grupo   175
                de monedas.

© 2019 Great Minds®. eureka-math.org

E (Escribe un enunciado que coincida con la historia).

a. _____

_____

b. _____

_____

Resolver problemas escritos que involucran el valor total de un grupo de monedas.

EUREKA MATH

Nombre _____   Fecha _____

Resuelve.

1. Grace tiene 3 monedas de 10 centavos, 2 de 5 centavos y 12 centavos. ¿Cuánto dinero tiene?

2. Lista tiene 2 monedas de 10 centavos y 4 centavos en un bolsillo y 4 monedas de 5 centavos y 1 de 25 centavos en el otro bolsillo. ¿Cuánto dinero tiene en total?

3. Mamadou encontró 39 centavos en el sofá la semana pasada. Esta semana encontró 2 monedas de 5 centavos, 4 de 10 centavos y 5 centavos. ¿Cuánto dinero tiene Mamadou?

EUREKA MATH

Lección 7:   Resolver problemas escritos que involucran el valor total de un grupo
              de monedas.

© 2019 Great Minds®. eureka-math.org

177

4. Emanuel tenía 53 centavos. Le dio 1 moneda de 10 centavos y 1 de 5 centavos a su hermano. ¿Cuánto dinero le quedó a Emanuel?

5. Hay 2 monedas de 25 centavos y 14 centavos en el cajón superior del escritorio y 7 centavos, 2 monedas de 5 centavos y 1 de 10 centavos en el cajón de abajo. ¿Cuánto dinero hay en total en los dos cajones?

6. Ricardo tiene 3 monedas de 25 centavos, 1 de 10 centavos, 1 de 5 centavos y 4 centavos. Le dio 68 centavos a su amigo. ¿Cuánto dinero le queda a Ricardo?

Lección 7:   Resolver problemas escritos que involucran el valor total de un grupo de monedas.

© 2019 Great Minds®. eureka-math.org

EUREKA
MATH

Nombre _____   Fecha _____

Resuelve.

1. Greg tenía 1 moneda de 25 centavos, 1 moneda de 10 centavos y 3 monedas de 5 centavos en su bolsillo. Encontró 3 monedas de 5 centavos en la banqueta. ¿Cuánto dinero tiene Greg?

2. Roberto le dio a Sandra 1 moneda de 25 centavos, 5 monedas de 5 centavos y 2 monedas de 1 centavo. Sandra ya tenía 3 monedas de 1 centavo y 2 monedas de 10 centavos. ¿Cuánto dinero tiene Sandra ahora?

EUREKA MATH   Lección 7:   Resolver problemas escritos que involucran el valor total de un grupo   **179**
de monedas.

© 2019 Great Minds®. eureka-math.org

L (Lee el problema con atención).

El hermano de Kiko dice que le va a cambiar 2 monedas de 25 centavos, 4 monedas de 10 centavos y 2 monedas de 5 centavos por un billete de 1 dólar. ¿Es un intercambio justo? ¿Cómo lo sabes?

D (Dibuja una imagen).

E (Escribe y resuelve una ecuación).

Lección 8:   Resolver problemas escritos que involucran el valor total de un grupo de billetes.

© 2019 Great Minds®. eureka-math.org

181

E (Escribe un enunciado que coincida con la historia).

_____

_____

_____

Lección 8:   Resolver problemas escritos que involucran el valor total de un grupo
de billetes.

© 2019 Great Minds®. eureka-math.org

EUREKA
MATH

Nombre _____ Fecha _____

Resuelve.

1. Patrick tiene 1 billete de 10 dólares, 2 de cinco dólares y 4 de un dólar. ¿Cuánto dinero tiene?

2. Susana tiene 2 billetes de 5 dólares y 3 de 10 dólares en su bolsa y 11 billetes de 1 dólar en su bolsillo. ¿Cuánto dinero tiene en total?

3. Raja tiene $60. Le dio 1 billete de 20 dólares y 3 billetes de 5 dólares a su prima. ¿Cuánto dinero le quedó a Raja?

Lección 8:   Resolver problemas escritos que involucran el valor total de un grupo de billetes.

183

© 2019 Great Minds®. eureka-math.org

4. Miguel tiene 4 billetes de 10 dólares y 7 de 5 dólares. Tiene 3 billetes de 10 dólares y 2 billetes de 5 dólares más que Tamara. ¿Cuánto dinero tiene Tamara?

5. Antonio tenía 4 billetes de 10 dólares, 5 de 5 dólares y 16 de 1 dólar. Puso $70 de ese dinero en una cuenta del banco. ¿Cuánto dinero no puso en la cuenta del banco?

6. La Sra. Clark tiene 8 billetes de cinco dólares y 2 de 10 dólares en su cartera. Tiene 1 billete de 20 dólares y 12 billetes de 1 dólar en su bolsa. ¿Cuánto dinero más tiene en su cartera que en su bolsa?

Lección 8:   Resolver problemas escritos que involucran el valor total de un grupo de billetes.

EUREKA MATH

Nombre _____   Fecha _____

Resuelve.

1. Josh tenía 3 billetes de 5 dólares, 2 billetes de 10 dólares y 7 billetes de 1 dólar. Le dio a Suzy 1 billete de 5 dólares y 2 billetes de 1 dólar. ¿Cuánto dinero le quedó a Josh?

2. Jeremy tiene 3 billetes de 1 dólar y 1 billete de 5 dólares. Jessica tiene 2 billetes de 10 dólares y 2 billetes de 5 dólares. Sam tiene 2 billetes de 10 dólares y 4 billetes de 5 dólares. ¿Cuánto dinero tienen juntos?

L (Lee el problema con atención).

Clark tiene 3 billetes de 10 dólares y 6 de 5 dólares. Tiene 2 billetes de 10 dólares y 2 billetes de 5 dólares más que Shannon. ¿Cuánto dinero tiene Shannon?

D (Dibuja una imagen).

E (Escribe y resuelve una ecuación).

Lección 9:   Resolver problemas escritos que involucran diferentes combinaciones
de monedas con el mismo valor total.

© 2019 Great Minds®. eureka-math.org

187

E (Escribe un enunciado que coincida con la historia).

_____

_____

_____

Resolver problemas escritos que involucran diferentes combinaciones de monedas con el mismo valor total.

EUREKA MATH

Nombre _____   Fecha _____

Escribe otra manera de hacer el mismo valor total.

1. 26 centavos 2 monedas de 10 centavos, 1 moneda de 5 centavos y 1 moneda de 1 centavo son 26 centavos.	Otra manera de hacer 26 centavos:
2. 35 centavos 3 monedas de 10 centavos y 1 moneda de 5 centavos hacen 35 centavos.	Otra manera de hacer 35 centavos:
3. 55 centavos 2 monedas de 25 centavos y 1 moneda de 5 centavos hacen 55 centavos.	Otra manera de hacer 55 centavos:
4. 75 centavos El valor total de 3 monedas de 25 centavos es de 75 centavos.	Otra manera de hacer 75 centavos:

Lección 9:   Resolver problemas escritos que involucran diferentes combinaciones de monedas con el mismo valor total.

189

© 2019 Great Minds®. eureka-math.org

5. Gretchen tiene 45 centavos para comprar un yoyo. Escribe dos combinaciones de monedas con las que podría pagar que sean iguales a 45 centavos.

6. El cajero le dio a Joshua 1 moneda de 25 centavos, 3 monedas de 10 centavos y 1 moneda de 5 centavos. Escribe otras dos combinaciones que sean iguales a la misma cantidad de cambio.

7. Alex tiene 4 monedas de 25 centavos. Nicole y Caleb tienen la misma cantidad de dinero. Escribe otras dos combinaciones de monedas que podrían tener Nicole y Caleb.

Lección 9: Resolver problemas escritos que involucran diferentes combinaciones de monedas con el mismo valor total.

EUREKA MATH

Nombre _____   Fecha _____

Smith tiene 88 monedas de 1 centavo en su alcancía. Escribe otras dos combinaciones de monedas que tengan el mismo valor.

Lección 9:   Resolver problemas escritos que involucran diferentes combinaciones de monedas con el mismo valor total.

© 2019 Great Minds®. eureka-math.org

191

L (Lee el problema con atención).

Andrés, Brett y Jay tienen 1 dólar en cambio cada uno en sus bolsillos. Tienen diferentes combinaciones de monedas. ¿Qué monedas podría tener cada uno en su bolsillo?

D (Dibuja una imagen).

E (Escribe y resuelve una ecuación).

Lección 10:   Usar la menor cantidad de monedas para obtener un valor dado.

© 2019 Great Minds®. eureka-math.org

193

E (Escribe un enunciado que coincida con la historia).

_____

_____

_____

Lección 10:   Usar la menor cantidad de monedas para obtener un valor dado.

EUREKA MATH

Nombre _____   Fecha _____

1. Kayla mostró 30 centavos en dos maneras. Encierra en un círculo la manera que usa menos monedas.

a.	b.

¿Qué dos monedas de (a) se cambiaron por una moneda en (b)?

_____

2. Muestra 20¢ en dos maneras. Usa la menor cantidad de monedas posible abajo a la derecha.

	Menor cantidad de monedas posible:

3. Muestra 35¢ en dos maneras. Usa la menor cantidad de monedas posible abajo a la derecha.

	Menor cantidad de monedas posible:

4. Muestra 46¢ en dos maneras. Usa la menor cantidad de monedas posible abajo a la derecha.

	Menor cantidad de monedas posible:

5. Muestra 73¢ en dos maneras. Usa la menor cantidad de monedas posible abajo a la derecha.

	Menor cantidad de monedas posible:

6. Muestra 85¢ en dos maneras. Usa la menor cantidad de monedas posible abajo a la derecha.

	Menor cantidad de monedas posible:

7. Kayla dijo tres maneras de hacer 56¢. Encierra en un círculo las maneras correctas de hacer 56¢ y en una estrella la manera que usa menos monedas.

   a. 2 monedas de 25 centavos y 6 monedas de 1 centavo

   b. 5 monedas de 10 centavos, 1 moneda de 5 centavos y 1 moneda de 1 centavo.

   c. 4 monedas de 10 centavos, 2 monedas de 5 centavos y 1 moneda de 1 centavo.

8. Escribe una manera de hacer 56¢ que use la menor cantidad de monedas posible.

EUREKA MATH

Nombre _____   Fecha _____

1. Muestra 36 centavos en dos maneras. Usa la menor cantidad de monedas posible abajo a la derecha.

	Menor cantidad de monedas posible:

2. Muestra 74 centavos en dos maneras. Usa la menor cantidad de monedas posible abajo a la derecha.

	Menor cantidad de monedas posible:

Lección 10:   Usar la menor cantidad de monedas para obtener un valor dado.

L (Lee el problema con atención).

Tracy tiene 85 centavos en su monedero. Tiene 4 monedas.

a. ¿Qué monedas son?

b. ¿Cuánto dinero más necesita Tracy si quiere comprar una pelota de $1?

D (Dibuja una imagen).

E (Escribe y resuelve una ecuación).

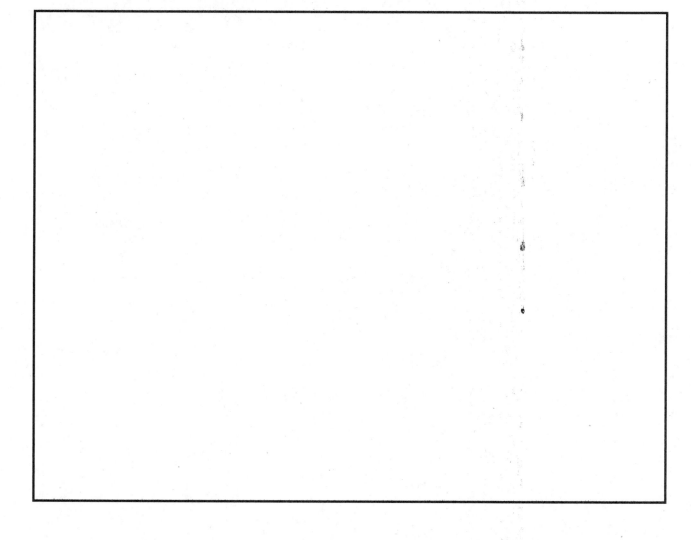

E (Escribe un enunciado que coincida con la historia).

a. _____

_____

b. _____

_____

EUREKA
MATH

Nombre _____   Fecha _____

1. Cuenta usando la estrategia de flechas para completar cada enunciado numérico. Luego, usa tus monedas para demostrar que tus respuestas son correctas.

   a. 45¢ + _____ = 100¢   b. 15¢ + _____ = 100¢

   $$45 \xrightarrow{+5} \rule{1cm}{0.4pt} \xrightarrow{+\rule{0.8cm}{0.4pt}} 100$$

   c. 57¢ + _____ = 100¢   d. _____ + 71¢ = 100¢

2. Resuelve usando la estrategia de flechas y un vínculo numérico.

   a. 79¢ + _____ = 100¢

   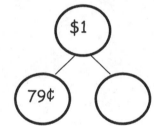

   b. 64¢ + _____ = 100¢

   c. 100¢ – 30¢ = _____

3. Resuelve.

   a. _____ + 33¢ = 100¢

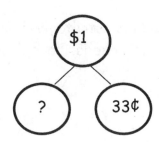

   b. 100¢ - 55¢ = _____

   c. 100¢ - 28¢ = _____

   d. 100¢ - 43¢ = _____

   e. 100¢ - 19¢ = _____

EUREKA
MATH®

Nombre _____   Fecha _____

Resuelve.

1. 100¢ – 46¢ = _____

2. _____ + 64¢ = 100¢

3. _____ + 13 centavos = 100 centavos

L (Lee el problema con atención).

Richie tiene 24 centavos. ¿Cuánto dinero más necesita para juntar $1?

D (Dibuja una imagen)

E (Escribe y resuelve una ecuación).

Lección 12:   Resolver problemas escritos que involucran diferentes maneras de
hacer cambio de $1.

© 2019 Great Minds®. eureka-math.org

205

E (Escribe un enunciado que coincida con la historia).

_____

_____

_____

Resolver problemas escritos que involucran diferentes maneras de hacer cambio de $1.

EUREKA
MATH

Nombre _____ Fecha _____

Resuelve usando la estrategia de flechas, un vínculo numérico o un diagrama de cinta.

1. Jeremy tenía 80 centavos. ¿Cuánto dinero necesita para tener $1?

2. Abby compró un plátano por 35 centavos. Le dio al cajero $1. ¿Cuánto cambio recibió?

3. José gastó 75 centavos de su dólar en el salón de juegos. ¿Cuánto dinero le queda?

Lección 12:   Resolver problemas escritos que involucran diferentes maneras de hacer cambio de $1.

207

© 2019 Great Minds®. eureka-math.org

4. La libreta que quiere Elisa cuesta $1. Tiene 4 monedas de 10 centavos y 3 monedas de 5 centavos. ¿Cuánto dinero más necesita para comprar la libreta?

5. Dane ahorró 26 centavos el viernes y 35 el lunes. ¿Cuánto dinero necesita ahorrar para tener $1?

6. Daniel tenía exactamente $1 en cambio. Perdió 6 monedas de 10 centavos y 3 monedas de 1 centavo. ¿Qué monedas le pudieron haber quedado?

Nombre _____   Fecha _____

Resuelve usando la estrategia de flechas, un vínculo numérico o un diagrama de cinta.

Jacobo compró un chicle por 26 centavos y un periódico por 61 centavos. Le dio al cajero $1. ¿Cuánto dinero recibió de cambio?

Lección 12:   Resolver problemas escritos que involucran diferentes maneras de hacer cambio de $1.

© 2019 Great Minds®. eureka-math.org

209

L (Lee el problema con atención).

Dante tenía algo de dinero en un frasco. Puso 8 monedas de 5 centavos en el frasco. Ahora tiene 100 centavos. ¿Cuánto dinero había en el frasco al principio?

D (Dibuja una imagen).

E (Escribe y resuelve una ecuación).

Lección 13:   Resolver problemas escritos de dos pasos que involucran dólares o centavos con totales en el rango de $1 a $100.

© 2019 Great Minds®. eureka-math.org

211

E (Escribe un enunciado que coincida con la historia).

_____

_____

_____

212   Lección 13:   Resolver problemas escritos de dos pasos que involucran dólares o
                                     centavos con totales en el rango de $1 a $100.

© 2019 Great Minds®. eureka-math.org

EUREKA
MATH

Nombre _____   Fecha _____

Resuelve con un diagrama de cinta y un enunciado numérico.

1. Josefina tenía 3 monedas de 5 centavos, 4 monedas de 10 centavos y 12 monedas de 1 centavo. Su mamá le dio 1 moneda. Ahora, Josefina tiene 92 centavos. ¿Qué moneda le dio su mamá?

2. Cristóbal tiene 3 billetes de 10 dólares, 3 billetes de 5 dólares y 12 billetes de 1 dólar. Jenny tiene $19 más que Cristóbal. ¿Cuánto dinero tiene Jenny?

3. Isaías empezó con 2 billetes de 20 dólares, 4 billetes de 10 dólares, 1 billete de 5 dólares y 7 billetes de 1 dólar. 7 billetes de 1 dólar. Gastó 73 dólares en ropa. ¿Cuánto dinero le quedó?

   Lección 13:   Resolver problemas escritos de dos pasos que involucran dólares o   213
centavos con totales en el rango de $1 a $100.

© 2019 Great Minds®. eureka-math.org

4. Jackie compró un suéter de $42 en la tienda. Le quedaron 3 billetes de 5 dólares y 6 billetes de 1 dólar. ¿Cuánto dinero tenía antes de comprar el suéter?

5. Akio encontró 18 centavos en su bolsillo. Encontró 6 monedas más en su otro bolsillo. Todo junto tenía 73 centavos. ¿De cuánto eran las 6 monedas que encontró en su otro bolsillo?

6. María encontró 98 centavos en su alcancía. Contó 1 moneda de 25 centavos, 8 monedas de 1 centavo, 3 monedas de 10 centavos y varias monedas de 5 centavos. ¿Cuántas monedas de 5 centavos contó?

Lección 13: Resolver problemas escritos de dos pasos que involucran dólares o centavos con totales en el rango de $1 a $100.

© 2019 Great Minds®. eureka-math.org

EUREKA MATH

Nombre _____   Fecha _____

Resuelve con un diagrama de cinta y un enunciado numérico.

Gary fue a la tienda con 4 billetes de 10 dólares, 3 billetes de 5 dólares y 7 billetes de 1 dólar. Compró un suéter por $26. ¿Con qué billetes salió de la tienda?

Lección 13:   Resolver problemas escritos de dos pasos que involucran dólares o centavos con totales en el rango de $1 a $100.

© 2019 Great Minds®. eureka-math.org

215

Frances está cambiando de lugar los muebles en su dormitorio. Quiere mover la estantería al espacio entre su cama y la pared, pero no está segura de que entre.

Comenta con un compañero/a: ¿Qué puede usar Frances como herramienta para medir si no tiene una regla? ¿Cómo puede usarlo?

Muestra tu razonamiento en tu pizarra usando imágenes, números o palabras.

    Lección 14:   Relacionar medidas con unidades físicas usando la iteración con un
azulejo de 1 pulgada para medir.

© 2019 Great Minds®. eureka-math.org   217

Nombre _____ Fecha _____

1. Mide los objetos de abajo con un azulejo de 1 pulgada. Registra las medidas en la tabla proporcionada.

Objeto	Medida
Par de tijeras	
Marcador	
Lápiz	
Borrador	
Largo de la hoja de trabajo	
Ancho de la hoja de trabajo	
Largo del escritorio	
Ancho del escritorio	

2. Mark y Melissa midieron el mismo marcador con un azulejo de 1 pulgada, pero tienen diferentes longitudes. Encierra en un círculo el trabajo del estudiante que está correcto y explica por qué escogiste ese trabajo.

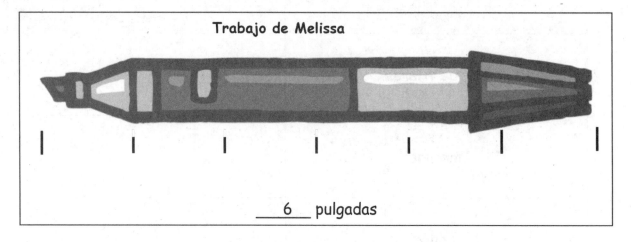

Trabajo de Melissa

___6___ pulgadas

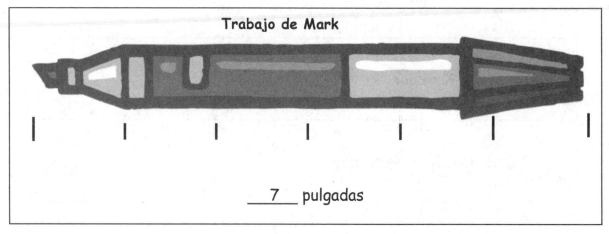

Trabajo de Mark

___7___ pulgadas

Explicación:

_____

_____

_____

Lección 14:   Relacionar medidas con unidades físicas usando la iteración con un azulejo de 1 pulgada para medir.

© 2019 Great Minds®. eureka-math.org

EUREKA MATH

Nombre _____   Fecha _____

Mide las líneas de abajo con un azulejo de 1 pulgada.

Línea A _____

La línea A mide aproximadamente _____ pulgadas.

Línea B _____

La línea B mide aproximadamente _____ pulgadas.

Línea C _____

La línea C mide aproximadamente _____ pulgadas.

Lección 14:   Relacionar medidas con unidades físicas usando la iteración con un azulejo de 1 pulgada para medir.

© 2019 Great Minds®. eureka-math.org

221

L (Lee el problema con atención).

Edwin y Tina tienen el mismo camión de juguete. Edwin dice que el suyo mide 4 palillos de largo. Tina dice que el suyo mide 12 habas de lima de largo. ¿Cómo pueden estar los dos en lo correcto?

Usa palabras o imágenes para explicar cómo Edwin y Tina pueden estar los dos en lo correcto.

D (Dibuja una imagen).
E (Escribe y resuelve una ecuación).

EUREKA MATH®

Lección 15:   Aplicar conceptos para crear reglas de pulgadas, medir longitudes
              usando reglas de pulgadas.

© 2019 Great Minds®. eureka-math.org

223

E (Escribe un enunciado que coincida con la historia).

_____

_____

_____

Lección 15:   Aplicar conceptos para crear reglas de pulgadas, medir longitudes
usando reglas de pulgadas.

© 2019 Great Minds®. eureka-math.org

EUREKA
MATH

Nombre _____   Fecha _____

Usa tu regla para medir la longitud de los siguientes objetos en pulgadas. Usando tu regla, dibuja una línea que tenga la misma longitud que el objeto.

1. a. Un lápiz mide _____ pulgadas.
    b. Dibuja una línea que tenga la misma longitud que el lápiz.

2. a. Un borrador mide _____ pulgadas.
    b. Dibuja una línea que tenga la misma longitud que el borrador.

3. a. Un crayón mide _____ pulgadas.
    b. Dibuja una línea que tenga la misma longitud que el crayón.

4. a. Un marcador mide _____ pulgadas.
    b. Dibuja una línea que tenga la misma longitud que el marcador.

5. a. ¿Cuál es el objeto más largo que mediste? _____
    b. ¿Qué longitud tiene el objeto más largo? _____ pulgadas.
    c. ¿Qué longitud tiene el objeto más corto? _____ pulgadas.
    d. ¿Cuál es la diferencia de longitud entre el objeto más largo y el más corto? _____ pulgadas.
    e. Dibuja una línea que mida lo mismo que la longitud que encontraste en (d).

6. Mide y etiqueta la longitud de cada lado del triángulo usando tu regla.

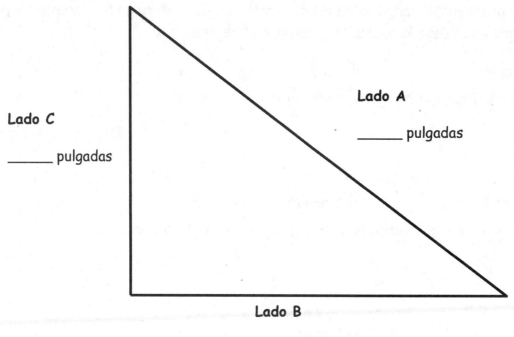

Lado C

_____ pulgadas

Lado A

_____ pulgadas

Lado B

_____ pulgadas

a. ¿Qué lado es el más corto?   Lado A   Lado B   Lado C

b. ¿Cuál es la longitud del Lado A? _____ pulgadas.

c. ¿Cuál es la longitud combinada de los Lados B y C? _____ pulgadas.

d. ¿Cuál es la diferencia entre el lado más largo y el más corto?
_____ pulgadas.

7. Resuelve.

a. _____ pulgadas = 1 pie

b. 5 pulgadas + _____ pulgadas = 1 pie

c. _____ pulgadas + 4 pulgadas = 1 pie

Lección 15:   Aplicar conceptos para crear reglas de pulgadas, medir longitudes usando reglas de pulgadas.

© 2019 Great Minds®. eureka-math.org

EUREKA MATH

Nombre _____   Fecha _____

Mide y etiqueta los lados de la siguiente figura.

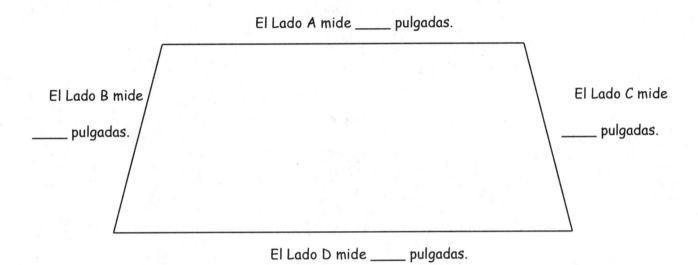

El Lado A mide _____ pulgadas.

El Lado B mide

_____ pulgadas.

El Lado C mide

_____ pulgadas.

El Lado D mide _____ pulgadas.

¿Cuál es la suma de la longitud del Lado B y la longitud del Lado C? _____
pulgadas.

Lección 15:   Aplicar conceptos para crear reglas de pulgadas, medir longitudes
               usando reglas de pulgadas.

© 2019 Great Minds®. eureka-math.org

227

Estación 1: Medir y comparar las longitudes de las espinillas

Escoge una unidad de medida para medir las espinillas de todos en tu grupo. Mide desde la parte superior del pie hasta la parte inferior de la rodilla.

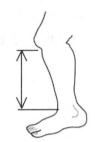

Escogí medir usando _____ .
Registra los resultados en la siguiente tabla. Incluye las unidades.

Nombre	Longitud de la espinilla

¿Cuál es la diferencia de longitud entre la espinilla más larga y la más corta? Escribe un enunciado numérico y una afirmación para mostrar la diferencia entre las dos longitudes.

Estación 2: Comparar longitudes con una regla de 1 yarda

Escribe tu estimado para cada objeto usando las siguientes palabras: *mayor que, menor que* o *aproximadamente la misma que.* Luego, mide cada objeto con una regla de 1 yarda y registra la medida en la tabla.

1. La longitud de un libro es

   _____ la regla de 1 yarda.

2. La altura de la puerta es

   _____ la regla de 1 yarda.

3. La longitud del escritorio de estudiante es

   _____ la regla de 1 yarda.

Objeto	Medida
Longitud del libro	
Altura de la puerta	
Longitud del escritorio de estudiante	

¿Cuál es la longitud de 4 escritorios de estudiante puestos juntos sin espacios entre ellos? Usa el proceso LDE para resolver en el reverso de esta hoja.

Estación 3: Elegir las unidades para medir objetos

Nombra 4 objetos en el salón de clases. Encierra en un círculo la unidad que usarías para medir cada objeto y registra la medida en la tabla.

Objeto	Longitud del objeto
	pulgadas/pies/yardas
	pulgadas/pies/yardas
	pulgadas/pies/yardas
	pulgadas/pies/yardas

Billy midió su lápiz. Le dijo a su maestro que mide 7 pies de largo. Usa el reverso de esta hoja para explicar cómo sabes que Billy no está en lo correcto y cómo puede cambiar su respuesta para que sea correcta.

Estación 4: Encontrar referencias

Busca alrededor del salón y encuentra 2 o 3 objetos para cada longitud de referencia. Escribe cada objeto en la tabla y registra la longitud exacta.

Objetos que miden aproximadamente una **pulgada**	Objetos que miden aproximadamente un **pie**	Objetos que miden aproximadamente una **yarda**
1. _____ pulgadas	1. _____ pulgadas	1. _____ pulgadas
2. _____ pulgadas	2. _____ pulgadas	2. _____ pulgadas
3. _____ pulgadas	3. _____ pulgadas	3. _____ pulgadas

Lección 16: Medir varios objetos usando reglas de pulgadas y reglas de 1 yarda.

© 2019 Great Minds®. eureka-math.org

EUREKA MATH

Estación 5: Elegir una herramienta para medir

Encierra en un círculo la herramienta usada para medir cada objeto. Luego, mide y registra la longitud en la tabla. Encierra en un círculo la unidad.

Objeto	Herramienta para medir	Medida
Longitud de la alfombra	Regla de 12 pulgadas / regla de 1 yarda	_____ pulgadas/pies
Libro de texto	Regla de 12 pulgadas / regla de 1 yarda	_____ pulgadas/pies
Lápiz	Regla de 12 pulgadas / regla de 1 yarda	_____ pulgadas/pies
Longitud de la pizarra	Regla de 12 pulgadas / regla de 1 yarda	_____ pulgadas/pies
Borrador rosa	Regla de 12 pulgadas / regla de 1 yarda	_____ pulgadas/pies

La cuerda de saltar de Sera tiene una longitud de 6 libros de texto. En el reverso de esta hoja, haz un diagrama de cinta para mostrar la longitud de la cuerda de saltar de Sera. Luego, escribe un enunciado de suma repetida usando la medida del libro de texto de la tabla para encontrar la longitud de la cuerda de saltar de Sera.

Nombre _____   Fecha _____

Encierra en un círculo la unidad que mejor mediría cada objeto.

Marcador	pulgada / pie / yarda
Altura de un carro	pulgada / pie / yarda
Tarjeta de cumpleaños	pulgada / pie / yarda
Cancha de soccer	pulgada / pie / yarda
Longitud de una pantalla de computadora	pulgada / pie / yarda
Altura de una litera	pulgada / pie / yarda

L (Lee el problema con atención).

Benjamín midió su antebrazo y registró la longitud como 15 pulgadas. Luego, midió la parte superior de su brazo y ¡se dio cuenta que mide lo mismo!

    a. ¿Qué longitud tiene uno de los brazos de Benjamín?

    b. ¿Cuál es la longitud total de los dos brazos de Benjamín?

D (Dibuja una imagen).

E (Escribe y resuelve una ecuación).

Lección 17:   Desarrollar estrategias de estimación aplicando el conocimiento previo de la longitud y el uso de referencias mentales.

© 2019 Great Minds®. eureka-math.org

235

E (Escribe un enunciado que coincida con la historia).

a.

_____

_____

b.

_____

_____

Lección 17:   Desarrollar estrategias de estimación aplicando el conocimiento previo
de la longitud y el uso de referencias mentales.

EUREKA
MATH

Nombre _____   Fecha _____

Estima la longitud de cada objeto usando una referencia mental. Luego, mide el objeto usando pies, pulgadas o yardas.

Objeto	Referencia mental	Estimación	Longitud real
a. Ancho de la puerta			
b. Ancho de la pizarra blanca			
c. Altura de un escritorio			
d. Longitud de un escritorio			
e. Longitud de un libro			

Lección 17:   Desarrollar estrategias de estimación aplicando el conocimiento previo
de la longitud y el uso de referencias mentales.

© 2019 Great Minds®. eureka-math.org

237

Objeto	Referencia mental	Estimación	Longitud real
f. Longitud de un crayón			
g. Longitud del salón			
h. Longitud de un par de tijeras			
i. Longitud de la ventana			

Lección 17: Desarrollar estrategias de estimación aplicando el conocimiento previo de la longitud y el uso de referencias mentales.

EUREKA MATH

Nombre _____   Fecha _____

Estima la longitud de cada objeto usando una referencia mental. Luego, mide el objeto usando pies, pulgadas o yardas.

Objeto	Referencia mental	Estimación	Longitud real
a. Longitud de un borrador			
b. Ancho de esta hoja			

Lección 17:   Desarrollar estrategias de estimación aplicando el conocimiento previo de la longitud y el uso de referencias mentales.

© 2019 Great Minds®. eureka-math.org

239

Ezra está midiendo cosas en su dormitorio. Cree que su cama mide aproximadamente 2 yardas de largo. ¿Es una estimación lógica? Justifica tu respuesta usando imágenes, palabras o números.

Lección 18:   Medir un objeto dos veces usando diferentes unidades de longitud y compararlas relacionando las medidas con el tamaño de la unidad.

© 2019 Great Minds®. eureka-math.org

241

Nombre _____   Fecha _____

Mide las líneas en pulgadas y en centímetros. Redondea las medidas a la pulgada o centímetro más cercano.

1. _____

    _____ cm   _____ in

2. _____

    _____ cm   _____ in

3. _____

    _____ cm   _____ in

4. _____

    _____ cm   _____ in

5. a. ¿Usaste más pulgadas o más centímetros cuando mediste las líneas de arriba?

      _____

   b. Escribe un enunciado para explicar por qué usaste más de esa unidad.

      _____

      _____

Lección 18:   Medir un objeto dos veces usando diferentes unidades de longitud y compararlas relacionando las medidas con el tamaño de la unidad.

243

© 2019 Great Minds®. eureka-math.org

6. Dibuja líneas con las siguientes medidas.

   a. 3 centímetros de longitud

   b. 3 pulgadas de longitud

7. Tomás y Chris midieron el siguiente crayón, pero obtuvieron diferentes respuestas. Explica por qué las dos repuestas son correctas.

   Tomás: ___8___ cm
   Chris: ___3___ in

   Explicación: _____

   _____

   _____

   _____

Medir un objeto dos veces usando diferentes unidades de longitud y compararlas relacionando las medidas con el tamaño de la unidad.

EUREKA MATH

Nombre _____   Fecha _____

Mide las líneas en pulgadas y en centímetros. Redondea las medidas a la pulgada o centímetro más cercano.

1. _____

   _____ cm   _____ in

2. _____

   _____ cm   _____ in

Lección 18:   Medir un objeto dos veces usando diferentes unidades de longitud y
compararlas relacionando las medidas con el tamaño de la unidad.

245

© 2019 Great Minds®. eureka-math.org

L (Lee el problema con atención).

Katia está colgando luces decorativas. La tira de luces mide 46 pies de largo. La pared del edificio mide 84 pies de largo. ¿Cuántos pies más de luces necesita comprar Katia para igualar la longitud de la pared?

D (Dibuja una imagen).

E (Escribe y resuelve una ecuación).

Lección 19:   Medir para comparar las diferencias en longitudes usando pulgadas,
pies y yardas.

247

© 2019 Great Minds®. eureka-math.org

E (Escribe un enunciado que coincida con la historia).

_____

_____

_____

EUREKA
MATH

Nombre _____ Fecha _____

Mide ambas líneas en pulgadas y escribe la longitud en la línea. Completa el enunciado de comparación.

1. Línea A _____

   Línea B _____

   La Línea A midió aproximadamente _____ pulgadas.   La Línea B midió

   aproximadamente _____ pulgadas.

   La Línea A es aproximadamente _____ pulgadas **más larga** que la Línea B.

2. Línea C   _____

   Línea D _____

   La Línea C midió aproximadamente _____ pulgadas.   La Línea D midió

   aproximadamente _____ pulgadas.

   La Línea C es aproximadamente _____ pulgadas **más corta** que la Línea D.

Lección 19:   Medir para comparar las diferencias en longitudes usando pulgadas, pies y yardas.

© 2019 Great Minds®. eureka-math.org

249

3. Resuelve los siguientes problemas:

   a. 32 pies + _____ = 87 pies

   b. 68 pies - 29 pies = _____

   c. _____ - 43 pies = 18 pies

4. Tammy y Martha construyeron cercas alrededor de sus propiedades. La cerca de Tammy mide 54 yardas de longitud. La cerca de Martha mide 29 yardas más que la de Tammy.

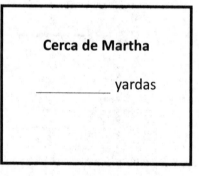

   Cerca de Tammy

   54 yardas

   Cerca de Martha

   _____ yardas

   a. ¿Qué longitud tiene la cerca de Martha? _____ yardas

   b. ¿Cuál es la longitud total de las dos cercas? _____ yardas

Lección 19: Medir para comparar las diferencias en longitudes usando pulgadas, pies y yardas.

© 2019 Great Minds®. eureka-math.org

EUREKA MATH

Nombre _____   Fecha _____

Mide ambas líneas en pulgadas y escribe la longitud en la línea. Completa el enunciado de comparación.

Línea A

_____

Línea B

_____

La Línea A midió aproximadamente _____ pulgadas.   La Línea B midió

aproximadamente _____ pulgadas.

La línea A es aproximadamente _____ pulgadas **más larga/corta** que la línea B.

Nombre _____   Fecha _____

Resuelve usando diagramas de cinta. Usa un símbolo para el número desconocido.

1. El Sr. Ramos tejió 19 pulgadas de una bufanda que quiere que tenga 1 yarda de largo. ¿Cuántas pulgadas más de bufanda necesita tejer?

2. En la carrera de 100 yardas, Jackie corrió 76 yardas. ¿Cuántas yardas más tiene que correr?

3. Frankie tiene un pedazo de cuerda de 64 pulgadas y otro pedazo que mide 18 pulgadas menos que el primero. ¿Cuál es la longitud total de las dos cuerdas?

EUREKA MATH®

Lección 20: Resolver problemas escritos de sumas y restas de dos dígitos que involucran longitud usando diagramas de cinta y ecuaciones escritas para representar el problema.

© 2019 Great Minds®. eureka-math.org

253

4. María tenía 96 pulgadas de listón. Usó 36 pulgadas para envolver un regalo pequeño y 48 para envolver un regalo más grande. ¿Cuánto listón le sobró?

5. La longitud total de los tres lados de un triángulo es de 96 pies. El triángulo tiene dos lados con la misma longitud. Uno de los lados iguales mide 40 pies. ¿Cuál es la longitud del lado que no es igual?

?

6. La longitud de un lado de un cuadrado es de 4 yardas. ¿Cuál es la longitud combinada de los cuatro lados del cuadrado?

Lección 20:   Resolver problemas escritos de sumas y restas de dos dígitos que involucran longitud usando diagramas de cinta y ecuaciones escritas para representar el problema.
© 2019 Great Minds®. eureka-math.org

EUREKA MATH

Nombre _____   Fecha _____

Resuelve usando un diagrama de cinta. Usa un símbolo para el número desconocido.

Jazmín tiene una cuerda para saltar que mide 84 pulgadas de largo. La de María es 13 pulgadas más corta que la de Jazmín. ¿Qué longitud tiene la cuerda de saltar de María?

L (Lee el problema con atención).

Para subirse a la montaña rusa Mega, las personas deben tener una estatura de al menos 44 pulgadas. Carolina mide 57 pulgadas. Ella es 18 pulgadas más alta que Addison. ¿Qué estatura tiene Addison? ¿Cuántas pulgadas más tiene que crecer Addison para poder subirse a la montaña rusa?

D (Dibuja una imagen).
E (Escribe y resuelve una ecuación).

Lección 21:   Identificar números desconocidos en un diagrama de recta numérica usando
               la distancia entre los números y los puntos de referencia.

© 2019 Great Minds®. eureka-math.org

257

E (Escribe un enunciado que coincida con la historia).

_____

_____

_____

Lección 21:   Identificar números desconocidos en un diagrama de recta numérica usando la distancia entre los números y los puntos de referencia.

EUREKA MATH

Nombre _____   Fecha _____

Encuentra el valor del punto en cada parte de la cinta métrica marcada con una letra. Para cada recta numérica, una unidad es la distancia de una marca de control hasta la siguiente.

1.

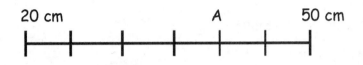

Cada unidad tiene una longitud de _____ centímetros.

A = _____

2.

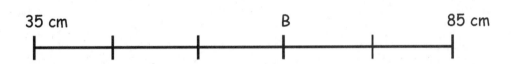

Cada unidad tiene una longitud de _____ _____ centímetros.

B = _____

3.

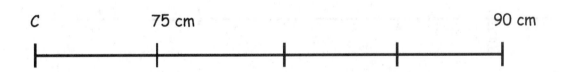

Cada unidad en la cinta métrica tiene una longitud de _____ _____ centímetros.

C = _____

EUREKA MATH®

Lección 21:   Identificar números desconocidos en un diagrama de recta numérica usando la distancia entre los números y los puntos de referencia.

259

© 2019 Great Minds®. eureka-math.org

4. Cada marca de control representa 5 más en la recta numérica.

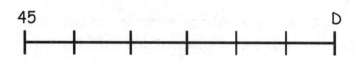

45   D

D = _____

¿Cuál es la diferencia entre los dos extremos? _____.

5. Cada marca de control representa 10 más en la recta numérica.

E   180

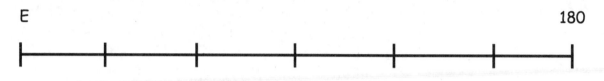

E = _____

¿Cuál es la diferencia entre los dos extremos? _____.

6. Cada marca de control representa 10 más en la recta numérica.

F   95

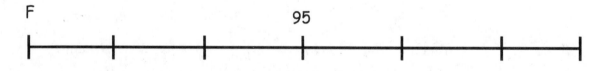

F = _____

¿Cuál es la diferencia entre los dos extremos? _____.

Lección 21: Identificar números desconocidos en un diagrama de recta numérica usando la distancia entre los números y los puntos de referencia.

© 2019 Great Minds®. eureka-math.org

EUREKA MATH

Nombre _____   Fecha _____

Encuentra el valor del punto en cada recta numérica marcada con una letra.

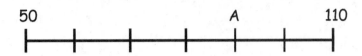

1. Cada unidad tiene una longitud de _____ centímetros.

    A = _____

2. ¿Cuál es la diferencia entre los dos extremos? _____.

    B = _____

Lección 21:   Identificar números desconocidos en un diagrama de recta numérica usando la distancia entre los números y los puntos de referencia.

© 2019 Great Minds®. eureka-math.org

261

L (Lee el problema con atención).

Liza, Cecilia y Dylan están jugando al fútbol. Entre Liza y Cecilia hay 120 pies de distancia. Dylan está entre ellas. Si Dylan está parado a la misma distancia de las dos niñas, ¿a cuántos pies de Liza está Dylan?

D (Dibuja una imagen).

E (Escribe y resuelve una ecuación).

Lección 22:   Representar sumas y restas de dos dígitos que involucran longitud usando la regla como una recta numérica.

© 2019 Great Minds®. eureka-math.org

263

E (Escribe un enunciado que coincida con la historia).

_____

_____

_____

Nombre _____   Fecha _____

1. Cada unidad de longitud en las dos rectas numéricas mide 10 centímetros. (Nota: Las rectas numéricas no están dibujadas a escala).

   a. Muestra 30 centímetros más que 65 centímetros en la recta numérica.

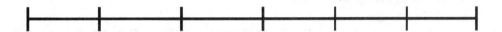

   b. Muestra 20 centímetros más que 75 centímetros en la recta numérica.

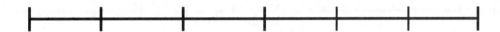

   c. Escribe un enunciado de suma que coincida con la recta numérica.

2. Cada unidad de longitud en las dos rectas numéricas mide 5 yardas.

   a. Muestra 25 yardas menos que 90 yardas en la siguiente recta numérica.

   b. Muestra 35 yardas menos que 100 yardas en la recta numérica.

   c. Escribe un enunciado de resta que coincida con la recta numérica.

EUREKA MATH®

Lección 22:   Representar sumas y restas de dos dígitos que involucran longitud usando la regla como una recta numérica.

© 2019 Great Minds®. eureka-math.org

265

3. La cinta métrica de Vincent se cortó a los 68 centímetros. Para medir la longitud de su desatornillador, escribe "81 cm - 68 cm". Alicia dice que es más fácil mover el desatornillador 2 centímetros más adelante. ¿Cuál es el enunciado de resta de Alicia? Explica por qué está en lo correcto.

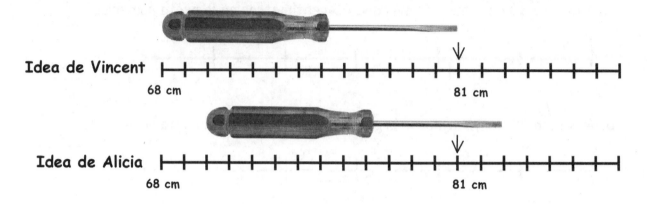

4. Una flauta larga mide 71 centímetros de longitud y una flauta chica mide 29 centímetros de longitud. ¿Cuál es la diferencia entre sus longitudes?

5. Ingrid midió la piel de su víbora de jardín en 28 pulgadas de largo usando una regla de 1 yarda, pero no empezó a medir en cero. ¿Cuáles podrían ser los dos extremos de la piel de su víbora en su regla de 1 yarda? Escribe el enunciado de resta que coincida con tu idea.

Lección 22:   Representar sumas y restas de dos dígitos que involucran longitud usando la regla como una recta numérica.

© 2019 Great Minds®. eureka-math.org

EUREKA MATH

Nombre _____   Fecha _____

Cada unidad de longitud en las dos rectas numéricas mide 20 centímetros.
(Nota: Las rectas numéricas no están dibujadas a escala).

1. Muestra 20 centímetros más que 25 centímetros en la recta numérica.

2. Muestra 40 centímetros más que 45 centímetros en la recta numérica.

3. Escribe un enunciado de suma o resta que coincida con cada recta numérica.

Lección 22:   Representar sumas y restas de dos dígitos que involucran longitud usando
               la regla como una recta numérica.

© 2019 Great Minds®. eureka-math.org

Recta numérica A

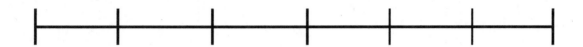

Recta numérica B

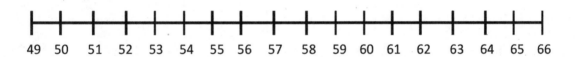

49 50 51 52 53 54 55 56 57 58 59 60 61 62 63 64 65 66

_____

rectas numéricas A y B

Lección 22:   Representar sumas y restas de dos dígitos que involucran longitud usando
              la regla como una recta numérica.

© 2019 Great Minds®. eureka-math.org

269

Nombre _____   Fecha _____

1. Recopila y registra datos del grupo.

   Escribe la medida del palmo de tu maestro aquí: _____

   Mide tu palmo y registra la longitud aquí: _____

   Mide los palmos de los otros estudiantes en tu grupo y escríbelos aquí. Vamos a usar estos datos mañana.

   Nombre: **Palmo:**

   _____   _____

   _____   _____

   _____   _____

   _____   _____

   _____   _____

Palmo	Cuenta del total de personas
3 pulgadas	
4 pulgadas	
5 pulgadas	
6 pulgadas	
7 pulgadas	
8 pulgadas	

¿Qué longitud del palmo es la más frecuente? ____

¿Qué longitud del palmo es la menos frecuente? ____

¿Cuál crees que será la longitud del palmo más frecuente en toda la clase? Explica por qué.

_____

_____

_____

_____

_____

EUREKA MATH   Lección 23:   Recopilar y registrar datos de medidas en una tabla, responder preguntas y resumir el conjunto de datos.   271

© 2019 Great Minds®. eureka-math.org

2. Registra los datos de la clase.

Registra los datos de la clase usando marcas de conteo en la tabla proporcionada.

Palmo	Cuenta del total de personas
3 pulgadas	
4 pulgadas	
5 pulgadas	
6 pulgadas	
7 pulgadas	
8 pulgadas	

¿Cuál es la longitud del palmo más frecuente? _____

¿Cuál es la longitud del palmo menos frecuente? _____

Haz una pregunta de comparación que pueda ser contestada usando los datos de arriba y respóndela.

Pregunta: _____

_____

Respuesta:

_____

_____

EUREKA
MATH

Nombre _____ Fecha _____

1. Mide las líneas de abajo en pulgadas. Registra los datos usando marcas de conteo en la tabla proporcionada.

   Línea A _____

   Línea B _____

   Línea C _____

   Línea D _____

   Línea E _____

   Línea F _____

   Línea G _____

Longitud de la línea	Cantidad de líneas
Más corta que 5 pulgadas	
Más larga que 5 pulgadas	
Igual a 5 pulgadas	

2. ¿Cuántas líneas más son más cortas que 5 pulgadas que las que son iguales a 5 pulgadas? _____

3. ¿Cuál es la diferencia entre la cantidad de líneas que son más cortas que 5 pulgadas y la cantidad de líneas que son más largas que 5 pulgadas? _____

4. Haz una pregunta de comparación que pueda ser contestada usando los datos de arriba y respóndela.

   Pregunta: _____

   _____

Cambia las hojas con tu compañero. Haz que tu compañero responda tu pregunta en la parte de atrás.

Lección 23: Recopilar y registrar datos de medidas en una tabla, responder preguntas y resumir el conjunto de datos.

273

© 2019 Great Minds®. eureka-math.org

Nombre _____   Fecha _____

1. Las líneas de abajo ya fueron medidas para ti. Registra los datos usando marcas de
    conteo en la tabla proporcionada y responde las siguientes preguntas.

    Línea A   5 pulgadas _____

    Línea B   6 pulgadas _____

    Línea C   4 pulgadas _____

    Línea D   6 pulgadas _____

    Línea E   3 pulgadas _____

Longitud de la línea	Cantidad de líneas
Más corta que 5 pulgadas	
5 pulgadas o más larga	

2. Si se midieron 8 líneas más que son más largas que 5 pulgadas y se midieron 12 líneas
    más que son más cortas que 5 pulgadas, ¿cuántas cuentas debe haber en la tabla?

    _____

L (Lee el problema con atención).

Mike, Dennis y Abril recolectaron monedas en un estacionamiento. Cuando contaron sus monedas, tenían 24 monedas de 1 centavo, 15 monedas de 5 centavos, 7 monedas de 10 centavos y 2 monedas de 25 centavos. Pusieron todas las monedas de 1 centavo en una taza y las demás monedas en otra taza. ¿Qué taza tiene más monedas? ¿Cuántas más?

D (Dibuja una imagen).
E (Escribe y resuelve una ecuación).

Lección 24:   Dibujar un diagrama de puntos para representar datos de medidas; relacionar la escala de las medidas con la recta numérica.

277

© 2019 Great Minds®. eureka-math.org

E (Escribe un enunciado que coincida con la historia).

_____

_____

_____

Dibujar un diagrama de puntos para representar datos de medidas;
          relacionar la escala de las medidas con la recta numérica.

EUREKA
MATH

Nombre _____   Fecha _____

Usa los datos en las tablas para crear un diagrama de puntos y responder las preguntas.

1.

Longitud del lápiz (pulgadas)	Cantidad de lápices
2	I
3	II
4	ЖЖ I
5	ЖЖ II
6	ЖЖ III
7	IIII
8	I

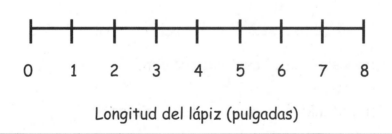

Longitud de los lápices en el contenedor de la clase

0   1   2   3   4   5   6   7   8

Longitud del lápiz (pulgadas)

Describe el patrón que ves en el diagrama de puntos:

_____

_____

Lección 24:   Dibujar un diagrama de puntos para representar datos de medidas; relacionar la escala de las medidas con la recta numérica.

279

© 2019 Great Minds®. eureka-math.org

2.

Longitud de los trozos de listón (centímetros)	Cantidad de trozos de listón
14	I
16	III
18	卌 III
20	卌 II
22	卌

Trozos de listón en el contenedor de Artes y Manualidades

Diagrama de puntos

a. Describe el patrón que ves en el diagrama de puntos.

_____

_____

b. ¿Cuántos listones miden 18 centímetros o más? _____

c. ¿Cuántos listones miden 16 centímetros o menos? _____

d. Crea tu pregunta de comparación en relación con los datos.

_____

_____

Lección 24:   Dibujar un diagrama de puntos para representar datos de medidas; relacionar la escala de las medidas con la recta numérica.

© 2019 Great Minds®. eureka-math.org

EUREKA MATH®

Nombre _____   Fecha _____

Usa los datos de la tabla para crear un diagrama de puntos.

Longitud de los crayones en el contenedor de la clase

Longitud del crayón (pulgadas)	Cantidad de crayones
1				
2	ﬀﬀ ||||
3	ﬀﬀ ||
4	ﬀﬀ

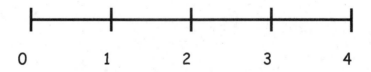

Longitud del crayón (pulgadas)

Lección 24: Dibujar un diagrama de puntos para representar datos de medidas; relacionar la escala de las medidas con la recta numérica.

281

© 2019 Great Minds®. eureka-math.org

L (Lee el problema con atención).

Estos son los tipos y cantidades de estampillas en la colección de estampillas de Shannon.

Su amigo Michael le dio algunas estampillas de banderas. Si le dio 7 estampillas de banderas menos que las estampillas de cumpleaños y animales juntas, ¿cuántas estampillas de banderas tiene?

Tipo de estampilla	Cantidad de estampillas
Día festivo	16
Animal	8
Cumpleaños	9
Cantantes famosos	21

Extensión: si las estampillas de banderas valen 12 centavos cada una, ¿cuál es el valor total de las estampillas de bandera de Shannon?

D (Dibuja una imagen).

E (Escribe y resuelve una ecuación).

   Lección 25:   Dibujar un diagrama de puntos para representar un conjunto de datos dado; responder preguntas y sacar conclusiones con base en los datos de las medidas.   283

© 2019 Great Minds®. eureka-math.org

E (Escribe un enunciado que coincida con la historia).

_____

_____

_____

EUREKA
MATH

Nombre _____   Fecha _____

Usa los datos en la tabla proporcionada para crear un diagrama de puntos y responde las preguntas.

1. La tabla muestra las estaturas de los estudiantes de segundo grado del salón de clases del Sr. Yin.

Estatura de los estudiantes de segundo grado	Cantidad de estudiantes
40 pulgadas	1
41 pulgadas	2
42 pulgadas	2
43 pulgadas	3
44 pulgadas	4
45 pulgadas	4
46 pulgadas	3
47 pulgadas	2
48 pulgadas	1

Título _____

Diagrama de puntos

a. ¿Cuál es la diferencia entre el estudiante más alto y el estudiante más bajo?

b. ¿Cuántos estudiantes miden más de 44 pulgadas? ¿Menos de 44 pulgadas?

Lección 25:   Dibujar un diagrama de puntos para representar un conjunto de datos dado; responder preguntas y sacar conclusiones con base en los datos de las medidas.

285

© 2019 Great Minds®. eureka-math.org

2. La tabla muestra la longitud de la hoja que los estudiantes de segundo grado usaron en sus proyectos de arte.

Longitud de la hoja	Cantidad de estudiantes
3 pies	2
4 pies	11
5 pies	9
6 pies	6

Título _____

_____

Diagrama de puntos

a. ¿Cuántos proyectos de arte hicieron? _____

b. ¿Qué longitud de papel fue la más frecuente? _____

c. Si 8 estudiantes usaron 5 pies de papel y 6 estudiantes más usaron 6 pies de papel, ¿cómo cambiaría la forma en que se ve el diagrama de puntos?

_____

_____

d. Saca una conclusión acerca de los datos en el diagrama de puntos.

_____

_____

Nombre _____   Fecha _____

Responde las preguntas usando el siguiente diagrama de puntos.

Cantidad de estudiantes en cada grado en el juego de béisbol de la escuela

Grado

1. ¿Cuántos estudiantes fueron al juego de béisbol? _____

2. ¿Cuál es la diferencia entre la cantidad de estudiantes de primer grado y la cantidad de estudiantes de cuarto grado que fueron al juego de béisbol? _____

3. Da una explicación posible de por qué la mayoría de los estudiantes que asistieron están en grados superiores.

    _____

    _____

EUREKA MATH

Lección 25:   Dibujar un diagrama de puntos para representar un conjunto de datos dado; responder preguntas y sacar conclusiones con base en los datos de las medidas.

287

© 2019 Great Minds®. eureka-math.org

L (Lee el problema con atención).

Judy compró un reproductor MP3 y unos audífonos. Los audífonos cuestan $9, que es $48 menos que el reproductor MP3. ¿Cuánto cambio debe recibir Judy si le da un billete de $100 al cajero?

D (Dibuja una imagen).
E (Escribe y resuelve una ecuación).

 Lección 26: Dibujar un diagrama de puntos para representar un conjunto de datos dado;   289
responder preguntas y sacar conclusiones con base en los datos de las medidas.

© 2019 Great Minds®. eureka-math.org

E (Escribe un enunciado que coincida con la historia).

_____

_____

_____

EUREKA
MATH

Nombre _____   Fecha _____

Usa los datos de la tabla proporcionada para responder las preguntas.

1. La siguiente tabla describe las estaturas de los jugadores de baloncesto y de los miembros de la audiencia que fueron encuestados en un partido de baloncesto.

Estatura (pulgadas)	Cantidad de participantes
25	3
50	4
60	1
68	12
74	18

   a. ¿Qué estatura tienen la mayoría de las personas que fueron encuestadas en el partido de baloncesto? _____

   b. ¿Cuántas personas miden 60 pulgadas o más? _____

   c. ¿Qué notas acerca de las personas que asistieron al partido de baloncesto?

   _____

   d. ¿Por qué sería difícil crear un diagrama de puntos para estos datos?

   _____

   _____

   e. Para estos datos, un **diagrama de puntos / tabla** (encierra una en un círculo) es más fácil de leer porque... _____

   _____

Lección 26:   Dibujar un diagrama de puntos para representar un conjunto de datos dado;
               responder preguntas y sacar conclusiones con base en los datos de las medidas.   291

© 2019 Great Minds®. eureka-math.org

Usa los datos de la tabla proporcionada para crear un diagrama **** ntos y responder las preguntas.

2. La siguiente tabla describe la longitud de los lápices que **** en el salón de la Sra. Richie en centímetros.

	de lápices
	1
	4
14	9
15	10
16	10

_____

a. ¿Cuántos lápices se midieron? _____

b. Saca una conclusión acerca de por qué la mayoría de los lápices midieron 15 y 16 cm:

_____

_____

c. Para estos datos, un **diagrama de puntos / tabla** (encierra una en un círculo) es más fácil de leer porque...

_____

_____

Lección 26: Dibujar un diagrama de puntos para representar un conjunto de datos dado; responder preguntas y sacar conclusiones con base en los datos de las medidas.

© 2019 Great Minds®. eureka-math.org

EUREKA MATH

Nombre _____   Fecha _____

Usa los datos de esta tabla para crear un diagrama de puntos.

La siguiente tabla describe las estaturas de los estudiantes de segundo grado que están en el equipo de soccer.

Estatura (pulgadas)	Cantidad de estudiantes
35	3
36	4
37	7
38	8
39	‘
40	5

_____

_____

EUREKA MATH®

Lección 26:   Dibujar un diagrama de puntos para representar un conjunto de datos dado; responder preguntas y sacar conclusiones con base en los datos de las medidas.

293

Longitud de los objetos en nuestras lapiceras	Cantidad de objetos
6 cm	1
7 cm	2
8 cm	4
9 cm	3
10 cm	6
11 cm	4
13 cm	1
16 cm	3
17 cm	2

Temperaturas en mayo	Cantidad de días
59°	1
60°	3
63°	3
64°	4
65°	7
67°	5
68°	4
69°	3
72°	1

Tablas de longitudes y temperaturas

Lección 26: Dibujar un diagrama de puntos para representar un conjunto de datos dado; responder preguntas y sacar conclusiones con base en los datos de las medidas.

295

© 2019 Great Minds®. eureka-math.org

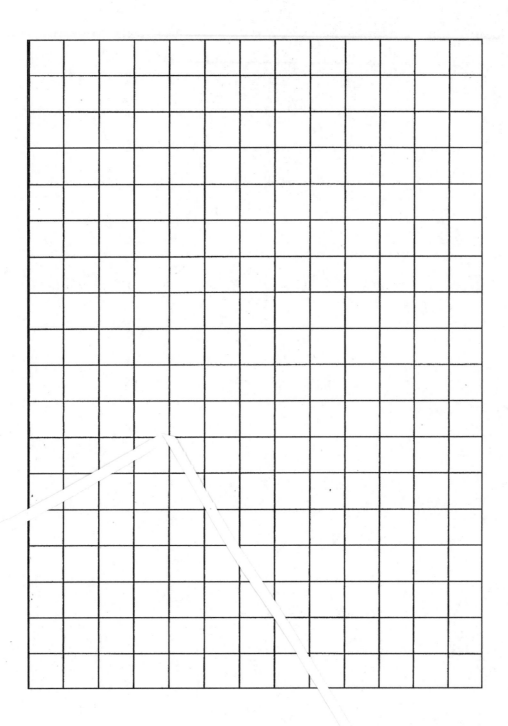

Papel cuadriculado

Lección 26:   Dibujar un diagrama de puntos para representar un conjunto de datos dado; responder preguntas y sacar conclusiones con base en los datos de las medidas.

297

Termómetro

Lección 26:   Dibujar un diagrama de puntos para representar un conjunto de datos dado;
responder preguntas y sacar conclusiones con base en los datos de las medidas.

299

© 2019 Great Minds®. eureka-math.org

Créditos

Great Minds® ha hecho todos los esfuerzos para obtener permisos para la reimpresión de todo el material protegido por derechos de autor. Si algún propietario de material sujeto a derechos de autor no ha sido mencionado, favor ponerse en contacto con Great Minds para su debida mención en todas las ediciones y reimpresiones futuras.

- Página 266, Joao Virissimo/Shutterstock.com